U0878333

用于国家职业技能鉴定

YONGYU GUOJIA ZHIYE JINENG JIANDING

国家职业资格培训教程

GUOJIA ZHIYE ZIGE PEIXUN JIAOCHENG

首饰设计师

（国家职业资格二级）

编审委员会

主　任　刘　康
副主任　原淑炜
委　员　郭　新　冯大山　成　乡　陈　蕾　张　伟

编审人员

主　编　郭　新
副主编　成　乡　许嘉樱
编　者　袁文娟　张　妮　王　琼　吴二强　李　桑
黄巍巍　吕中泉　孙　旻　夏旭秀　章越颖
李悦华　冯　齐
主　审　冯大山
审　稿　胡　锦

中国劳动社会保障出版社

图书在版编目(CIP)数据

首饰设计师:国家职业资格二级/中国就业培训技术指导中心组织编写.—北京:中国劳动社会保障出版社,2011

国家职业资格培训教程

ISBN 978-7-5045-9238-5

Ⅰ.①首… Ⅱ.①中… Ⅲ.①首饰-设计-技术培训-教材 Ⅳ.①TS934.3

中国版本图书馆 CIP 数据核字(2011)第 188361 号

中国劳动社会保障出版社出版发行

(北京市惠新东街 1 号 邮政编码:100029)

出 版 人:张梦欣

*

中国铁道出版社印刷厂印刷装订 新华书店经销

787 毫米×1092 毫米 16 开本 12.25 印张 207 千字

2011 年 10 月第 1 版 2011 年 10 月第 1 次印刷

定价:48.00 元

读者服务部电话:010-64929211/64921644/84643933

发行部电话:010-64961894

出版社网址:http://www.class.com.cn

前　言

为推动首饰设计师职业培训和职业技能鉴定工作的开展，在首饰设计师从业人员中推行国家职业资格证书制度，中国就业培训技术指导中心在完成《国家职业标准•首饰设计师》（试行）（以下简称《标准》）制定工作的基础上，组织参加《标准》编写和审定的专家及其他有关专家，编写了首饰设计师国家职业资格培训系列教程。

首饰设计师国家职业资格培训系列教程紧贴《标准》要求，内容上体现“以职业活动为导向、以职业能力为核心”的指导思想，突出职业资格培训特色；结构上针对首饰设计师职业活动领域，按照职业功能模块分级别编写。

首饰设计师国家职业资格培训系列教程共包括《首饰设计师（基础知识）》《首饰设计师（国家职业资格三级）》《首饰设计师（国家职业资格二级）》3本。《首饰设计师（基础知识）》内容涵盖《标准》的“基本要求”，是各级别首饰设计师均需掌握的基础知识；其他各级别教程的章对应于《标准》的“职业功能”，节对应于《标准》的“工作内容”，节中阐述的内容对应于《标准》的“能力要求”和“相关知识”。

本书是首饰设计师国家职业资格培训系列教程中的一本，适用于对二级首饰设计师的职业资格培训，是国家职业技能鉴定推荐辅导用书，也是二级首饰设计师职业技能鉴定国家题库命题的直接依据。

中国就业培训技术指导中心

目录

1 第一章 设计初步

2 第1节 设计基础

2 学习单元1 写生

7 学习单元2 设计构成

18 学习单元3 图案变形

24 第2节 市场调研

24 学习单元1 市场调研方法

30 学习单元2 调研问卷分析方法

41 第二章 首饰工艺材质与款式风格

42 第1节 首饰特种工艺和材质比较与选择

42 学习单元1 首饰特种工艺比较与选择

48 学习单元2 常用宝石比较与选择

60 第2节 首饰款式风格与镶嵌工艺分析

60 学习单元1 首饰款式风格分析

65 学习单元2 宝石镶嵌工艺分析

73 第三章 创意表现

74 第1节 设计方案的确立

74 学习单元1 针对个性化需求制订设计方案

84 学习单元2 艺术首饰设计

93 第2节 手工绘制设计图

93 学习单元1 水粉、水彩、彩铅的表现技法

98 学习单元2 新型绘图材料的表现技法

102 学习单元3 首饰造型的剖面图画法
103 学习单元4 背景渲染画法
105 第3节 计算机辅助绘制首饰设计图
105 学习单元1 运用JewelCAD软件制作手镯设计图
121 学习单元2 运用JewelCAD软件制作胸针设计图
137 第4节 手版制作
137 学习单元1 焊接设备、燃料性能与使用方法
152 学习单元2 电铸成型工艺
159 学习单元3 珐琅首饰的制作

167 第四章 展示策划设计
168 第1节 撰写创意说明及材料与工艺说明
168 学习单元1 运用文字表达首饰设计的个性化和艺术内涵
171 学习单元2 运用文字表达个性意图与个性材料的关系
173 学习单元3 运用文字表达设计对工艺的特殊要求
175 第2节 包装设计
175 学习单元1 针对产品的特点进行包装风格设计
177 学习单元2 根据包装的设计风格选择包装材料及工艺
181 第3节 展示设计
181 学习单元1 设计效果图并利用效果图进行展示设计
186 学习单元2 根据产品的风格设计展架、展柜、展台、展板
190 参考文献

第一章　设计初步

第1节　设计基础

学习单元1　写生

学习目标

1. 了解写生的基本概念
2. 熟悉写生的基本方法
3. 能够把写生的知识灵活运用到设计素材的收集整理中

知识要求

1. 写生的概念

艺术来源于生活，设计师只有在客观世界中积极地观察和发现，才能创作出生动的作品来。设计师只有通过深入观察和写生实践，才能发现生活中无所不在的设计灵感。写生和素描、速写、色彩表达等有所不同，素描、速写、色彩表达是绘画的基本技法，是进行素材收集整理和草图绘制的前提条件，要求能比较完整、真实地反映出描绘对象。写生是为设计和应用服务的，不仅要考虑写生的对象，还要满足素材的需要。写生不需要像摄影一样完整、客观地反映出对象，但是需要设计师发挥主观情感去归纳组合、概括取舍。设计师在写生时，需要不断构思和调整，让写生的对象更好地按照设计师自己的理解重新组合，这样描绘出来的对象才会更加生动而富有情趣。

2. 自然物的写生

（1）写生要求

首先，设计师要对写生的对象进行多角度的细微观察，分析对象的特点、外形、结构以及规律，再选择最合适的角度去描绘。例如，描绘人物必须先观察了解外貌特征，抓住对象的主要性格特性；描绘动植物则需先掌握它们的习性，突出最吸引人的个性。观察到一定程度以后就要考虑取舍，写生和普通的绘画不一样，不需要原原本本地还原出描绘对象，而是应该把对象最主要的面貌和特征经过提炼概括反映出来，如图1—1所示。写生虽然是一个记录过程，但也应该做到构图完整、比例恰当，有整体的描绘，也有细部的刻画，使得写生达到比较完整的艺术效果，为下一步的艺术创作奠定基础。

图1—1　素材写生（设计师　袁文娟）

（2）写生方法

首饰设计的灵感往往来源于自然或生活中常见的客观物体，如自然界中的动植物、生活中的日常器物等。留心观察是写生的第一步，第二步则是掌握具体的写生方法。以花卉写生为例，通过对植物的观察和描绘获取创作素材，为下一步的设计造型作铺垫。认真对待写生，可为首饰设计提供全面可靠的素材资料。

在进行花卉写生时需要掌握正确的观察方法。在观察写生对象时，先要有整体的认识，然后再观察它的结构、各个部分以及整体和部分、部分和部分之间的联系，经过反复地对比、分析，最后提炼出观察对象的个性特征。

1）整体。从整体入手，掌握花卉的形态规律是花卉写生的基础。在写生过程中，要眼、手、脑并用，用眼睛仔细观察整体形态规律，用手反复描绘对象，用头脑研究、比较对象本质和规律。整体了解花卉植物的形态、各个部位的衔接、比例关系、生长态势等，这样才能描绘出完整、生动、形象的对象，如图1—2所示。

图1—2　写生图（蒂凡妮公司　美国设计师　Paulding Farnham）

2）结构。经过对花卉整体的认识，再深入细部观察花瓣、花萼、花托、花柄、花枝，把握各个结构特征，分清主次。自然界中的植物种类繁多，经常会有形态样貌类似的，如何区分开，就需要对结构进行仔细分析，可能关键之处就在叶片的长短宽窄，不细心观察花卉的局部结构，这些细节都容易被忽略。同样，也正是因为这些细微的不同，让花卉植物各具神态。

在描绘花卉植物等对象时，还需注意结构的主次关系，懂得取舍，抓住对象最主要、最典型的形象，去粗取精，去繁就简。如图1—3所示，蒂凡妮公司的设计师通过对花卉各个部分结构的写生，了解了写生对象的生长态势及细部结构。

图1—3　花卉写生（蒂凡妮公司　美国设计师　Paulding Farnham）

3）情感。在写生过程中，如果只是记录描绘对象，没有把自己的主观情感投入其中，那么描绘出的只是一个没有生气、没有情态的物体，没有传神之处予以表现，对接下来的创作也就没有多少价值。所以，在写生对象时，虽然描绘的对象可能没有情感，但人可以赋予感情，从而使花卉在不同的时候有不同的样貌。同一种花卉在含苞待放和落叶纷飞的时候表现出的肯定是两种不同的情感，在描绘时就需要注意细节处理。花卉怒放时线条可以刚劲有力，而在一场秋雨之后的花卉线条则可能寥寥几笔，柔情中带有一丝伤感。带着感情去描绘对象，才会收集到更准确、更生动的素材，为以后的设计创作提供更加有力可靠的依据。如图1—4和图1—5所示，设计师把叶片和城市的夜景结合在一起，重新赋予叶片新的定义，所以在进行叶片写生的时候线条的处理和颜色的选择都体现出设计师被城市夜色的魅力所吸引。

图1—4　“生命——叶子”设计图（设计师　李佳亮）

图1—5　“生命——叶子”效果图（设计师　李佳亮）

技能要求

自然物写生的基本操作技能

首饰设计中，自然物写生不仅是对自然物的写实记录，重点是自然物的记录为以后的设计创作打下基础。所以，在这个阶段的写生活动也可以说是对设计素材的提炼和概括。在写生时需要时刻记住每落一笔、每走一步都是和设计相关联的。

操作步骤

步骤1　留心观察，收集素材

首饰设计师根据创作的主题，有意识地在生活中关注和留意可用的素材。收集手法可以是影像记录，在条件允许的情况下也可以进行实物收集。如图1—6所示，设计师要设计一组包含自然物元素的首饰，所以收集了各种树木的枝叶。

图1—6　素材收集（张妮　摄）

步骤2　观察和比较写生对象

在观察植物的整体形态规律以及各个部位的衔接、比例关系、生长态势时，设计师需注意每一种植物都有各自的性格特征，在记录时就要根据它们的特征去落笔。例如，在记录干枯的树枝和鲜嫩的树叶时就应该区分开，注意所用线条的软硬或者长短，这样在以后的设计中才能清楚地知道该选用何种素材。

步骤3　分析记录写生对象

在对写生对象有了整体了解以后，就需要观察和分析细部结构，注意主次结构关系，这部分写生不需要完全描绘对象，只需要记录对自己有用的部分，懂得取舍，抓住最主要、最典型的形象，去粗取精，去繁就简。如图1—7所示，设计师根据自己收集的植物分析记录对象。

图1—7　素材记录（设计师　张妮）

步骤4　提炼对象

记录对象之后，设计师就可以进一步尝试提炼写生对象，用手绘的方式初步描绘素材如何在首饰中体现出来，如图1—8所示。

图1—8　草图（设计师　张妮）

学习单元2　设计构成

学习目标

1. 了解构成、平面构成、立体构成的基本概念

2. 掌握常见的构成形式

3. 能够运用构成的知识确定首饰的基本造型

知识要求

不管从事何种设计，设计师在有意识地进行收集和整理设计素材之后，如何有效地组织利用这些素材进而绘制设计草图就成为设计过程中的一个重点。不同种类的素材需要按照哪些秩序和法则才能组合出新的视觉形态呢？构成就成为在掌握了基本的素描、色彩等基本绘画技法之后设计师所必须学会运用的一种设计方法。

1. 形的分类

构成也可以解释成是把各种“形”按照一些组合法则组成新的秩序和形态。“形”在视觉系统中是最基础的，无论是二维，还是三维，都有它的基本形，所以把这个有着众多“形”的世界做一个大致的划分，可划分为自然形、人工形和理想形三个类别。

（1）自然形

自然形是在自然界中的各种自然形态，如大自然中的花鸟虫兽、瓜果树木等。如图1—9所示为自然界中的自然形，而图1—10为首饰中的自然形。

图1—9　自然界中的植物形态（许嘉樱　摄）

图1—10　根据动物形态制作的蒂凡妮首饰

（2）人工形

人工形是由人设计制作出来的各种事物的形状。比如中国传统图腾，还有起着装饰作用的花纹图样等。如图1—11所示，日本设计师梅田正德（Masanori Umeda）以花瓣的造型设计了一把扶手椅。如图1—12所示为根据动物造型设计的银制茶壶，它的形就为人工形。

图1—11　月光花园扶手椅
（日本设计师　Masanori Umeda）

图1—12　银制茶壶
（美国设计师　Robly A. Glover）

（3）理想形

理想形是用象征、装饰等各种手法把人们的理想、想象凝聚于其中的形态。如图1—13中的形就是设计师设计的花朵的理想形，装饰感比较强。如图1—14所示，设计师把雪花的形抽象成理想形。

图1—13　花朵纹样

图1—14　蒂凡妮雪花项链

2. 构成的概念

设计中的“构成”概念最初用于设计教育，由20世纪初的德国包豪斯教育体系中提出，指对学生使用结构主义方法掌握基础造型语言的一种训练课目，后广泛用于平面设计及立体设计领域，成为一种常用概念。构成在设计过程中起着基础作用，平面构成、色彩构成和立体构成则是构成的重要组成部分。构成可以训练设计师的逻辑思维、形象思维以及空间思维，同时也培养设计师对构成的形态、色彩、肌理、构造、空间等的创造性构思和造型能力。

平面构成主要研究二维空间的视觉规律，包括形的建立、骨骼的组织以及元素的构成规律。色彩构成主要研究色彩的相互作用以及调配制造色彩形态。立体构成是用形、色和具体材料按照感情、意义和美学原则在三维空间进行组合，创造各种构造体。

平面构成是构成训练的基础，也是立体构成和色彩构成的基础。平面构成是平面图形的组合和创造，在平面上按照一定的秩序创造新的视觉形象。立体构成就是用各种材料，将形态要素按美的原则组合成新的空间立体造型。首饰设计可以说是一种立体或者半立体造型的应用，首饰是由多个平面组合而成的三维空间造型。所以在首饰设计的学习过程中，构成是不能被忽视的，需要从平面和立体两个方面去进行综合多方位考虑，分析平面造型要素，掌握画面构成的一般规律，提高平面造型能力和创造能力，三维空间的训练可以培养设计师立体空间思维的组织能力和空间深度的表现力。构成是一个以探索为目的的训练过程，可以不受工艺等的制约，可以在空间中任意发挥想象，从而提高首饰设计师的形象创造能力与技巧。

3. 构成形式

根据一定的组合秩序，可以把构成形式分为规律性形式和非规律性形式。规律性形式有重复、近似、渐变、发射等，非规律性形式有对比、密集、肌理等。

（1）重复

重复即一个、两个或者两个以上基本形的反复排列。这种构成方式在首饰中比较多见，如项链、手镯等，如图1—15所示。但是单纯的重复有时也会显得有些呆板，所以在整体的重复中可以寻求局部的节奏与变化。

图1—15　项链（美国设计师　Joe Wood）

（2）近似

近似即基本形的大形状基本相似，但是每一个形在局部上都有一些不同的变化。近似相对于重复的视觉效果更加丰富而有变化。如图1—16所示，项链的每个基本形都是圆形，但是每个圆形的材料都是不同的，所以在视觉上的构成体现出近似。

图1—16　项链（美国设计师　Robert Ebendorf）

（3）渐变

渐变即基本形按照一定的秩序和规律而发生的阶段性变化，如大小、形状等的变化。渐变和重复相比有比较明显的运动感和秩序感，如图1—17所示。

图1—17 珍珠项链（英国设计师 Anna Osmer Andersen）

（4）发射

发射具有方向的规律性，发射中心为视觉焦点，基本形均向中心集中或由中心向外散开。发射在自然界中较多见，如水中的涟漪，如图1—18所示。

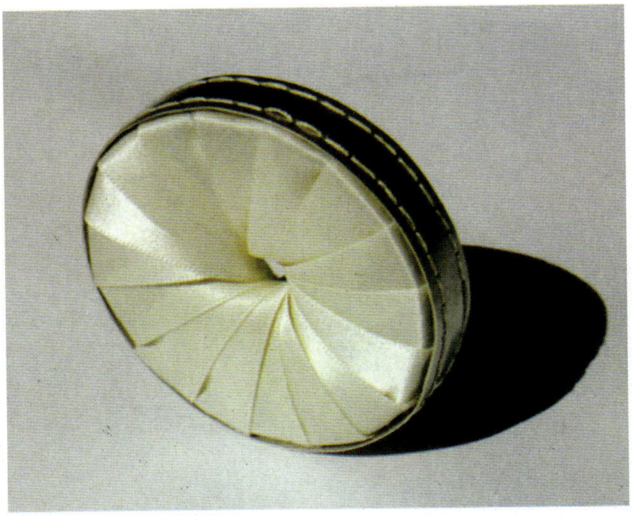

图1—18 光圈手镯（英国设计师 Danielle Gordon）

（5）对比

对比在遵循对称、平衡、节奏、韵律等形式法则的基础上有比较大的随意性，如凹凸对比、厚薄对比、宽窄对比等。如图1—19所示，设计师利用玻璃材质的透明效果，表现出虚像和实像、大和小的对比效果。

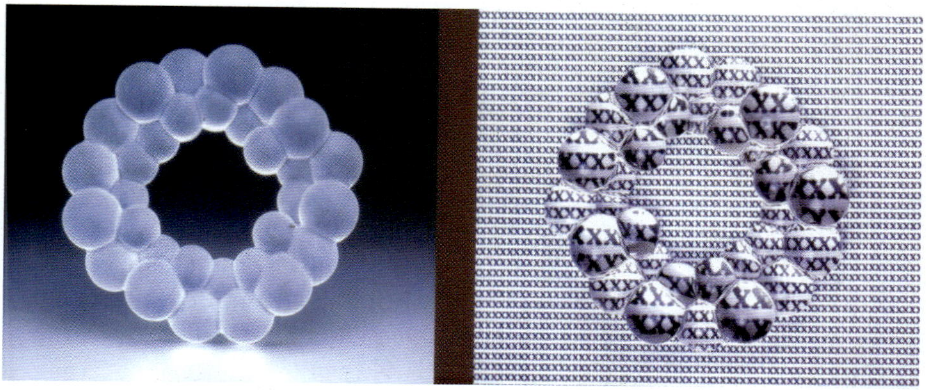

图1—19　“放大”系列手镯（美国设计师　Donald Friedlich）

（6）密集

密集即基本形在整个构图中自由散布，有疏有密。最密或最疏的地方常常成为整个设计的视觉焦点，在画面中造成一种视觉上的张力，并有节奏感。如图1—20所示，项饰表面的点状材料通过不同的分布表现出密集的构成效果。

图 1—20　项饰（德国设计师　Hermann Junger）

（7）肌理

肌理是通过视觉和触觉可以辨别的物体表面的纹理。首饰作为一种可接触可佩戴的饰品，质感、触觉以及肌理成为表现、体会首饰的一个重要途径，所以对于肌理的学习也变得尤为重要。肌理有以下几种表现方法。

1）描绘。利用绘画线描的方式表现丰富的肌理质感，如图1—21和图1—22所示。

图1—21　中央美术学院学生习作

图1—22　胸针（局部）
（英国设计师　Jack Cunningham）

2）喷洒。利用水与色的偶然性和有控制的结合形成的特殊效果，如图1—23和图1—24所示。

图1—23　中央美术学院学生习作

图1—24　项圈（荷兰设计师　Lam De Wolf）

3）熏烤。利用火的熏、烤、烫等手法形成的特殊效果，如图1—25和图1—26所示。

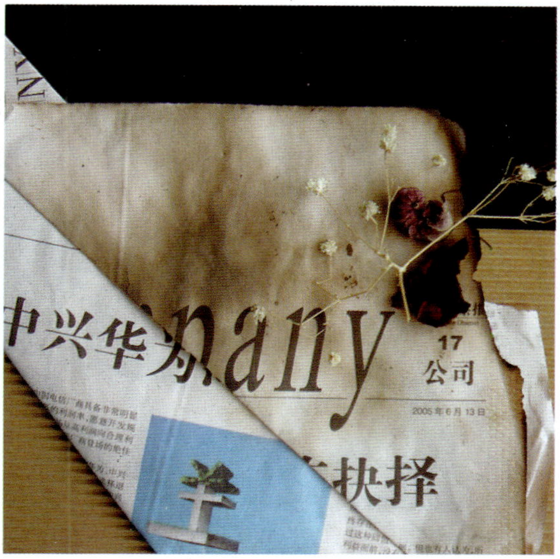

图1—25　中央美术学院学生习作

图1—26　“梦寻十四”胸针（设计师　郭新）

4）刮擦。在有一定厚度的纸张或者涂层上施以刻划、摩擦的方法形成的特殊效果，如图1—27和图1—28所示。

图1—27　中央美术学院学生习作

图1—28　项饰（荷兰设计师　Bobert Smit）

5）拼贴。把原先就有丰富肌理的物体进行切割重组，产生全新的另外一种风貌的效果，如图1—29和图1—30所示。

图1—29　中央美术学院学生习作

图1—30　“残片系列”项链（设计师　敖国兴）

6）实物制作。利用实物触觉肌理的组织堆积、加工改造来组成新的结构关系，增强视觉感，如图1—31和图1—32所示。

图1—31　中央美术学院学生习作

图1—32　“40日记”项链（设计师　滕菲）

通过对肌理构成以及之前其他构成的训练，设计师可以发现设计元素都是来源于生活。素材的收集和整理有一个很重要的方面就是对于生活的观察，认真留心身边的事物，不分大小，只要它刺激了人们的感官，记录下来，也许就可以帮助设计师启发思维，激发灵感，所以多动手、多用笔和纸去尝试、多用各种材料进行试验，优秀的创意就会涌现出来。

技能要求

根据构成形式要素进行首饰设计的基本技能要求

操作步骤

步骤1　寻找素材，确定首饰的基本形

设计师从古代园林建筑中的花窗获得灵感。古代花窗的外形有方形，也有圆形，设计师通过手绘的方式进行多种尝试，选择用圆形的花窗外形为首饰的基本形，如图1—33和图1—34所示。

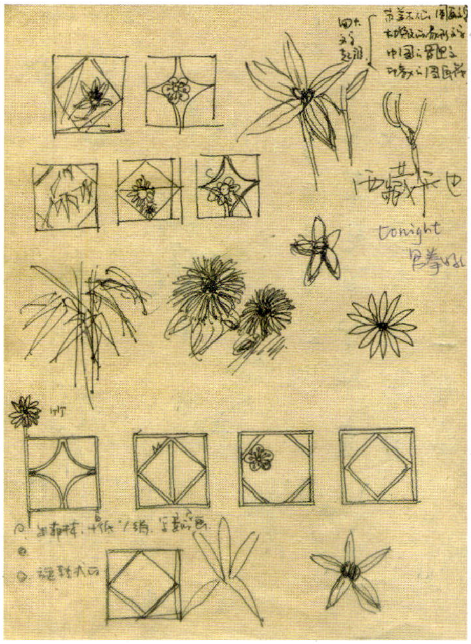

图1—33　设计草图1（设计师　袁文娟）

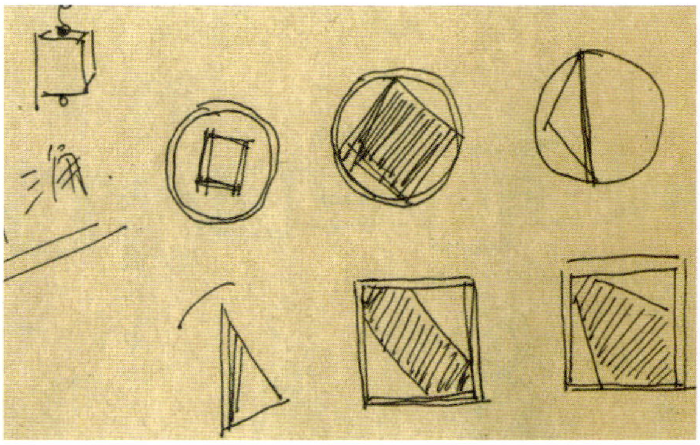
图1—34　设计草图2（设计师　袁文娟）

步骤2　根据基本形和首饰的功能，确定首饰的基本框架

在确定首饰的基本形为圆形以后，就需要根据首饰的功能考虑基本形在怎样的框架中体现。设计师设计的这一款首饰为项链，项链一般为闭合的形，所以首饰的基本框架可以定为一个封闭的线形，基本形可以在这个线形上按照需要组合。

步骤3　在首饰的基本框架中组合基本形，形成首饰的初步面貌

首饰确定为闭合线形的基本框架，基本形的组合方式可以按照重复的构成形式头尾相连，也可以密集的构成形式左右相连悬挂在线形框架上。设计师通过尝试把基本形按照重复构成的形式排列，如图1—35所示。同时在每个基本形中又采用了近似构成的手法，让每个基本形都有一些不同的变化，这样从整体上看既完整统一又富有变化和节奏。

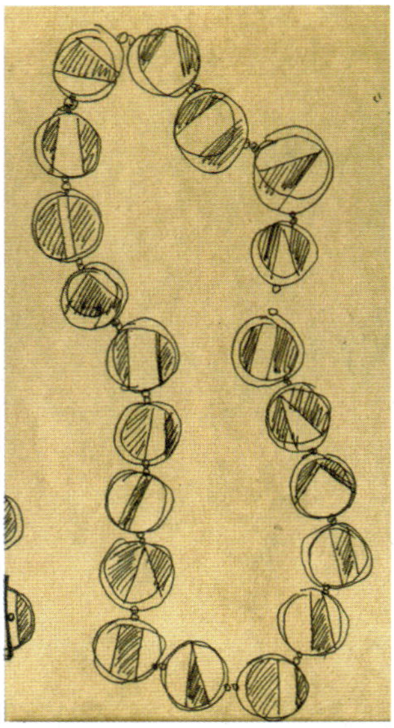

图1—35　首饰草图（设计师　袁文娟）

学习单元3　图案变形

学习目标

1. 了解图案相关知识
2. 能够以图案的写生要求和处理方式进行素材的收集和整理

知识要求

1. 图案的概念

“图”是图样，“案”是方案，图案是为工艺品、日用品和建筑装饰等所作的图样。图案从形态上可以分为平面图案和立体图案。平面图案只需考虑平面装饰效果，如染织（见图1—36）、印刷图案等。立体图案需要整体考虑造型和装饰的关系，如陶瓷、家具、漆器、金工图案等，如图1—37所示。

图1—36 纺织品图案

图1—37 贵州银饰

图案的历史非常悠久，是与实际生活联系非常紧密的一种艺术形式。图案是生活中的各种形象经过艺术化地处理，它的造型、色彩等适用于审美目的。通过图案装饰生活环境，既可以满足人们的日常生活需要，又可以给人以美的享受。同时，通过图案来提升美化产品，也可以激发人们的购买欲望，创造经济效益。

2. 图案变化

以写生的方式把千姿百态的自然界记录下来作为设计的素材，再进行整理和加工，通过写实、夸张、打散和组合的造型形式和构成法则使来源于生活中的形象变化为符合不同设计需求、不同工艺要求的图案，比如编织图案（见图1—38）、陶瓷图案（见图1—39）等。

图1—38 编织图案

图1—39 陶瓷图案

（1）简化法

简化法不是简单的省略，而是一种提炼，去繁从简，对自然形进行高度地概括，去掉多余的不完美的外形，统一整体，突出个性特点，如图1—40所示。

图1—40　中国民间图案——园林窗花

（2）夸张法

夸张法是在简化法的基础之上，强调突出自然形态中最能够吸引注意力的部分或特征，使变化后的形态更加鲜明、生动，具有强烈的视觉感染力，如图1—41所示。

图1—41　中国民间图案——孔雀礼花

（3）添加法

添加法是在夸张或者简化的基础上，添加了其他的合理元素，充实和美化图案，使图案变得更加丰富、生动，如图1—42所示。添加的内容有同类元素，也有异类元素。添加的原则要遵循形式美法则和构成法则，不刻意堆砌。

图1—42　中国民间图案——莲花多子

（4）几何法

几何法根据对象的外部特征、制作工艺和设计要求进行简化或夸张，把轮廓线变化为几何形，如三角形、方形、圆形等，具有较强的逻辑性，如图1—43所示。

图1—43　陶器的几何纹

（5）求全法

求全法表达了人们美好的愿望，是一种理想的手法，没有时间空间的约束，可以不遵循自然逻辑，突破局限，把在现实生活中不可能同时出现的形态组合在一起，表现出艺术的独特语言和魅力，也满足了人们追求完美的愿望，如图1—44所示。

图1—44　中国民间图案——梅兰竹菊

（6）分解组合法

分解组合法是将对象打散、分解，再通过分离、接触、覆叠、减缺、透叠、差叠、重合、联合等手法重组，构成新的图案，充分体现出想象力和创造力，如图1—45所示。

图1—45　北宋变体鹿纹

技能要求

根据客户的要求进行图案设计

操作步骤

步骤1　确定设计主题

按照客户的要求，首饰设计师需要设计一件具有中国吉祥意义的民俗风格银器。设计师根据客户的具体要求以及客户的资料信息，确定以动植物的图案变形为主题。

步骤2　收集设计素材，从设计素材中提炼元素

确定主题以后，按照具有中国民俗风格的动植物造型方向去收集设计素材。在中国民俗中常出现具有吉祥意义的动物造型有麒麟、蝙蝠、蛇、鹿、龟等，经过筛选“龟”的造型和寓意最符合客户的设计要求。确定具体动物类型以后，重点寻找传统民俗文化中“龟”的图案，比如不同朝代、不同民族、不同地域中各种“龟”的图案造型，如图1—46所示。在掌握了比较丰富的设计素材以后，就可以从这些素材中进行归纳、比较，提炼出可以应用在器物中的元素。

图1—46　选自《吉祥动物—中华吉祥装饰图案大全》
（钱正盛，钱正坤主编．上海：东华大学出版社，2006）

步骤3　组合元素，形成首饰的初步面貌

组合提炼出的元素，在组合时需要注意各个元素中的构成关系，使整件银器造型及装饰在视觉上协调统一，如图1—47所示。

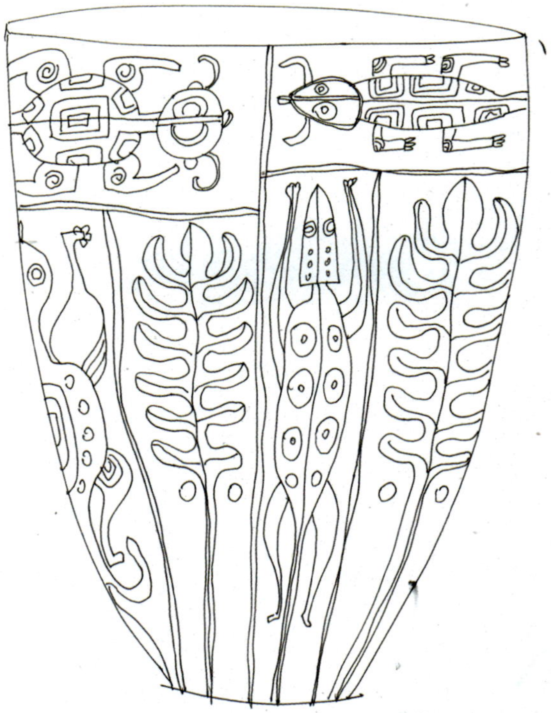

图1—47　设计草图（设计师　郭新）

第2节　市场调研

学习单元1　市场调研方法

学习目标

1. 了解市场调研的基本概念
2. 掌握设计调研问卷的方法
3. 掌握首饰市场调研的方法

知识要求

1. 市场调研的类别

市场调研是应用各种科学的调研方式、方法，收集、整理、分析市场资料，对市场的状况进行反映或描述，以认识市场发展变化规律的过程。从时间的角度上看，市场调研着重分析市场过去和现在的表现，并在长期的研究中认识市场规律。

（1）根据购买首饰目的进行的调研

根据购买首饰目的的不同，可分为消费者市场调研和产业市场调研。

消费者市场调研主要是了解消费者需求数量、结构及变化。此外，也要对人口、经济、社会文化、购买心理、购买行为等影响因素进行调研。

产业市场调研主要是对市场商品供应量、商品的经济寿命周期、商品流通的渠道等内容进行调研。

（2）根据首饰流通环节不同进行的调研

根据首饰流通环节不同，可分为首饰批发市场调研和首饰零售市场调研。

首饰批发市场调研着重掌握首饰批发市场的交易状况，分析首饰批发市场的流通数量、流通渠道与社会生产和首饰零售市场的关系。

首饰零售市场调研主要是调研不同经济形式下首饰零售商业的数量及在首饰零售流转中的比重，并分析研究其发展规律。

（3）根据首饰的产品层次、空间层次、时间层次等不同类型的调研

按产品层次不同，可分为不同首饰类别或首饰品种的市场调研。

按空间层次不同，可分为国际首饰市场调研和国内首饰市场调研。

按时间层次不同，可分为经常性、一次性、定期性首饰市场调研。

（4）根据首饰市场调研的目的和深度不同进行的调研

根据首饰市场调研的目的和深度不同，可分为探索性市场调研、描述性市场调研、因果关系市场调研和预测性市场调研。

探索性市场调研也称非正式市场调研。其目的主要是对市场进行初步探索，为后三种正式市场调研的开展做好准备。探索性市场调研的调研范围、应用范围较小，应用方法也较简单，如经验调研、试验性调研等。

描述性市场调研是指对所研究的市场现象的客观实际情况进行收集、整理和分析，

反映市场现象的表现。

因果关系市场调研是为了研究市场现象与影响因素之间客观存在的联系而进行的市场调研。

预测性市场调研是对市场未来情况所做的调研。预测性市场调研的资料具有较高的实用价值，是进行商品生产和组织营销的重要依据。

2. 市场资料的分类

市场资料的分类按其来源不同，可分为直接市场资料和间接市场资料。

（1）直接市场资料

直接市场资料也称原始资料或第一手资料，是由市场预测者自己采用各种市场调研方式方法，对市场信息进行收集、整理、分析的结果，即通过市场调研取得的市场资料。

直接市场资料的直接性主要表现在两个方面：一方面指资料是通过市场调研直接取得，而不是通过其他信息渠道获得的；另一方面指在内容上是直接反映市场现象的资料，而不是间接反映市场或与市场有联系的某些社会经济现象的资料。

（2）间接市场资料

间接市场资料也称次级资料或第二手资料，是指在某处已经存在并已经为某种目的编辑起来的资料。

间接市场资料的间接性表现在两个方面：一方面指资料是间接取得的材料，而不是通过市场调研直接取得的；另一方面指资料的内容是与市场紧密联系的各种材料，而不是直接反映市场现象的资料。

3. 国内首饰市场的分类

目前，国内首饰市场上缺乏比较客观的有据可依的关于市场现状的调研。不过，根据消费者对象进行市场划分，可以划分以下三档市场: 营销对象以都市工薪阶层、学生为主的为低端市场；营销对象以都市白领阶层为主的为中端市场；营销对象以都市高级白领及海外游客为主的为高端市场。目前，国内无品牌的首饰公司在低端市场占主导地位；中端市场由少量的国内品牌首饰公司、中国香港品牌公司占据；高端市场则基本由欧美品牌一统天下。

（1）低端市场

在低端市场中，大多数国内首饰公司没有整体的品牌策略，品牌策划较为肤浅。低端市场的目标客户群基本相似，以都市工薪阶层、学生为主。低端市场产品雷同、设计抄袭现象屡见不鲜。低端市场的促销手段主要以批发、薄利多销为主。首饰的零售价格在500元以下。义乌是最大的小商品批发市场，在那里有各类首饰的批发店，有各种材料的首饰及配件。诸暨珍珠批发市场以珍珠批发为主，还有用珍珠材料制作的各类首饰，其中也有设计较好（但模仿、抄袭成分比较重）的首饰样品，但价格较低廉。

（2）中端市场

由于中国香港、中国台湾及少部分国内首饰品牌公司在首饰设计和市场运作方面较为成熟，并结合国内生产成本较低的优势，在中端市场地位稳固。中端市场品牌定位为白领阶层，讲究一定的个性与品位，紧跟国际潮流。中端市场比较注重品牌建设，在广告和市场营销上的投入较大，如周大福、周生生、银镇、老庙黄金、老凤祥、明牌等首饰公司。

（3）高端市场

在高端市场，绝大部分是在国际上享有盛名、历史悠久，且能引领首饰时尚潮流的国际知名品牌,如卡地亚（Cartier）、蒂凡妮（Tiffany）等，这些品牌非常注重对自身品牌形象的宣传和保护，品质、价格和国际接轨。高端市场首饰的目标客户群基本上是高收入阶层，如外籍人士、高级管理层、私营企业主等。

我国自改革开放以来首饰行业才开始复兴，短短的几十年中消费市场的层次还没有达到细分后应有的状态。所以，消费群体的层次也存在比较模糊不清的局面。随着市场经济的发展，国内首饰行业的转型将是必然的趋势。在首饰行业从“加工型”转向“创新型”的产业模式中，还将有很多的调整，在这个调整过程中，市场的细分也会逐渐成熟。

在首饰行业逐渐走向成熟的过程中，时时都需要依赖比较科学的方法来分析市场、了解市场，从而设计出适合消费者喜欢并能引导消费潮流的首饰。

技能要求

设计市场调研方案

市场调研是首饰企业进行营销决策及首饰设计师采用首饰设计方案的基础。首饰企业在进行市场细分、目标市场的选择与定位、拓展市场、组织营销活动之前，必须要进行有效的市场调研，才能做出正确的市场预测。

要了解首饰市场的实际情况，就必须事先制订一份周密的调研计划。设计市场调研方案具体可分为四个步骤。

操作步骤

步骤1　确定调研目的

市场调研首先要明确调研的问题和调研目的，如个性化首饰能否打开中国首饰市场、消费者对这类首饰需求如何等。

步骤2　确定调研内容

调研内容一般包括两类：一类是不可控因素，如政治、文化、消费需求、消费行为、消费结构等情况；另一类是可控因素，如首饰款式、材料、价格、品牌形象等。

步骤3　确定调研对象

确定具体调研对象时，不但要确定哪些个人组织、或机构作为调研对象，而且要确定调研对象的规模，并在此基础上确定一定的抽样技术。

步骤4　确定资料收集法

资料收集包括对原始资料或二手资料的收集。原始资料包括对首饰消费者需求、首饰消费构成等方面做直接的调研而获得的资料。二手资料包括首饰企业内部资料，如工作总结、首饰销售情况等，以及官方数据、报刊信息、商业情报等外部资料。

步骤5　确定调研方法和形式

市场调研的方法有询问法、观察法、试验法、固定样本连续调研法等。调研可以通过面对面交谈、座谈、电话、网络等多种形式展开。

设计市场调研技术方案

操作步骤

步骤1　制订调研提纲

制订调研提纲就是将调研内容分类，归为每个纲目下，而每个纲目都应针对具体的调研目标。

步骤2　设计调研问卷

调研问卷设计是依据调研目的列出所需了解的项目，并以一定的格式将其有序地排列组合成调研表的活动过程。问卷设计应先了解问卷目的，明确问卷在何种调查方式下使用，然后选择问卷的形式、设计问题、设计问句结构、问句总体组合等，最终形成科学合理、容易为调研者和被调研者所接受的、符合调研要求的、能有效获得所需信息资料的调研表。

步骤3　选定抽样方法

抽样方法有简单随机抽样、分层随机抽样、系统抽样、任意抽样、判断抽样等。具体抽样方法的选择要根据调研目的、内容、费用、时间、调研结果所需的精确程度等情况而定。

组织调研实施

调研方案、技术方案确定后，就要组织人员实施开展市场调研。

操作步骤

步骤1　组织调研人员

所选的调研人员要态度认真、严肃求实，具备良好的沟通和表达能力。市场调研前要对调研人员进行培训，使他们掌握访问的技巧和方法。

步骤2　开展调研活动

调研活动进行期间，要根据实际情况适时调整和修改调研内容，并对调研人员的访问质量、调研方式等进行监督和评估。

步骤3　整理调研资料

对调研所得资料进行汇总，主要包括：数据的审核、分类、制表绘图、计算等。

步骤4　分析调研结果

运用各种数理方法，如频数分析、集中趋势和分散趋势分析等方法，对调研所得数据进行整理和汇总。

步骤5　撰写调研报告

最后要撰写调研报告，包括调研问题背景、调研目的、调研方法、调研结论以及解决问题的方案和建议。报告要求内容完整、叙述准确、结论明确。

学习单元2 调研问卷分析方法

学习目标

1. 了解首饰消费者行为
2. 掌握调研问卷分析的方法
3. 能够撰写调研结果分析报告

知识要求

1. 消费者行为模式

消费者是首饰产品的最终购买者，他们的购买行为，不仅影响着企业的产品款式、价格决策，而且影响着销售渠道和促销的选择。因此，研究首饰消费者购买行为模式、影响消费者行为的主要因素和消费者购买决策过程，对于开展有效的市场营销活动至关重要。

与其他产品相比，首饰消费包含了更多社会文化和心理的因素，表现出更复杂、更难以琢磨的特性。但是，人们对首饰的需求和消费仍是有规律可把握的。首饰消费行为的动机是心理活动过程。当消费者接受到首饰品牌、款式、材质、色彩、价格、宣传等外部刺激，或社会、文化、经济、流行趋势等大环境的刺激作用于消费者意识后，就会导致购买决策及行为。

2. 影响消费者行为的因素

影响消费者做出首饰购买决策的因素，既与产品的特性，如款式、材料、颜色、工艺、价格等有关，也与消费者的文化、社会、个人及心理因素有密切关系。

（1）文化因素

文化因素对消费者行为具有最为广泛和深刻的影响，是人类欲望和行为最基本的决定因素，尤其在首饰消费上，文化的影响非常深远。人们在社会中成长，在社会化过程中学到了最基本的价值、知觉、偏好等行为整体观念，这正是影响人们消费行为的深层原因。就消费者的购买行为而言，受其所属的文化群体成员共有的独特信念、价值观和生活习惯的影响更为直接、更为重要，这种影响甚至是根深蒂固的。

（2）社会因素

消费者的购买行为也受到一系列社会因素的影响。社会因素主要有社会阶层、参照群体、家庭、角色和地位的影响。

1）社会阶层。社会阶层是指具有相同或类似社会地位的社会成员组成的相对持久的群体。同一个阶层的人具有相似的价值观、兴趣爱好、行为方式。不同阶层的消费者在消费行为上存在较大的差异，在首饰的选择上也会表现出差异性。

2）参照群体。参照群体是指能直接或间接影响个人态度和行为的所有群体或个人。由于首饰具有流行和自我表现的特点，在款式、材料、品牌的选择上都会深受相关群体的影响。按现代流行理论的观点，首饰流行中通常存在着成为人们模仿和追随的“首饰时尚引领者”。

3）家庭。家庭是社会中最重要的消费购买组织，消费者购买模式无疑会打上家庭的烙印。不同的家庭、不同的家庭生活周期具有不同的消费要求、购买动机和购买决策者，会直接影响购买行为。

4）角色和地位。角色和地位是社会对每个人的态度和行为的期望。人们总是根据不同的社会角色来选择不同的首饰。尽管实际生活中并没有硬性的选择首饰的规则，但群体会建立起自己的标准作为对角色的期望。个体在“群体压力”下，通常会在符合期望的标准范围内选择首饰，力求使自己的首饰与群体期望保持一致。

（3）个人因素

在首饰消费决策时，消费者的个人因素起很大的作用。这些因素主要有年龄、性别、职业、经济状况、生活方式、个性等。

1）年龄。不同年龄的人对首饰的款式、材料、颜色、工艺等有不同的偏好和需求。年轻的学生喜欢追赶潮流，喜欢卡通、夸张的首饰款式，不讲究材料和工艺；年轻的白领喜欢品牌首饰，重视能凸显个性、气质、自我的首饰款式，讲究工艺和品质，不讲究材料的贵重性；中老年人喜欢选择传统品牌首饰，注重首饰的材料，以佩戴舒适和实用为主。

2）性别。由于生理和心理的差异，不同性别消费者的购买欲和消费构成有所区别。男性顾客购买首饰比较果断迅速，较注重品牌、工艺和地位象征。女性顾客喜欢精挑细选，比男性更关心首饰的款式变化。

3）职业。职业在很大程度上决定了一个人的收入状况、社会地位和自我观念，从而间接影响首饰购买行为。

4）经济状况。经济状况决定着个人的购买能力，在很大程度上制约着个人的购买行为。收入较低的消费者往往比收入较高的消费者更关心价格的高低。

5）生活方式。一个人的生活方式表明他所选择的分配收入的方式以及闲暇时间的安排。

6）个性。个性是一个人比较固定的特性，使人对环境产生比较一致和持续的反应。个性差异使人们在首饰偏好上也各异其趣，性格外向和内向的人对首饰款式、材料、色彩、纹理等有着不同的偏好。

（4）心理因素

影响消费者购买行为的心理因素包括四个方面：动机、知觉、信念和态度。这四个方面存在一定的逻辑联系。在首饰消费上，人首先要产生动机，然后通过感觉和知觉，形成对特定首饰的整体概念，并通过学习形成忠诚度和偏好，从而形成完整的消费心理基础。消费者在选购首饰时，通常会对不同式样和品牌的首饰形成一定的信念，这些信念便构成了消费者心目中的品牌形象。这种品牌信念是款式新颖、材料上乘、工艺精致、价格合理等。

3. 消费者购买决策

经过对不同品牌以及各种首饰的评定后，消费者基本上已经形成了购买意向，但要将购买意向转化为购买行为，还需要做出购买决策。影响购买决策的因素主要有他人的态度和意外情况。

（1）他人态度的影响程度

在作出购买决定时，他人的意见有时候会影响购买者的决定。这取决于他人与消费者的关系密切程度和其否定态度的猛烈程度。如妻子认为复古款式的首饰是今年流行的，但丈夫认为这种款式不适合妻子，那么妻子可能会改变购买意向。

（2）意外情况

意外情况则是消费者在进行首饰购买时，因为产品属性有所改变，从而失去了购买的意义。如消费者喜欢的首饰款式没有适合自己的尺码，就会改变购买的意向。这在购买戒指和手镯时最为常见。

技能要求

案例——消费者购买首饰行为调研

操作步骤

步骤1　确定调研目的和内容

了解消费者购买首饰的行为习惯、生活形态以及对个性化首饰的态度，为从事个性化首饰设计制作及个性化首饰在将来的国内市场运作定位提供参考依据。

（1）了解消费者的背景信息：年龄、性别、职业、收入等情况。

（2）了解消费者的消费行为习惯：购买目的、购物地点偏好、购物频率、消费金额等。

（3）了解消费者对个性化首饰的态度:对个性化首饰的理解、对个性化首饰需求等。

（4）了解消费者对购买首饰的决定因素：首饰款式、材料、价格、品牌形象等。

步骤2　进行调研问卷设计

调研问卷设计要能正确反映调研目的、问题具体、重点突出，能使被调研者乐意合作，协助达到调研目的。具体问卷如下：

消费者购买首饰行为调研问卷

尊敬的女士 / 先生：

您好！

为了对消费者购买首饰的行为作比较全面的了解，特意进行此次市场调研。 想向您请教一些看法。您的回答正确与否无关紧要，请客观陈述您的观点。我们保证对您的个人资料完全保密，敬请放心。请您在百忙之中抽出一点时间，给予合作，非常感谢！

B1．性别：

（1）男　（2）女

B2．请问您的年龄：

（1）25岁以下　（2）25～30岁　（3）31～35岁　（4）36～40岁　（5）41～45岁

（6）46～50岁　（7）51～55岁　（8）56～60岁　（9）60岁以上

B3．请问您的职业：

（1）公务员　（2）教师　（3）医生　（4）金融工作者　（5）科研技术人员

（6）设计人员　（7）企业管理人员　（8）普通职员　（9）个体工商业者

（10）离退休人员　（11）学生　（12）其他

B4．请问您的学历：

（1）高中及以下　（2）大专　（3）本科　（4）硕士及以上

B5．请问您的平均月收入大约是：

（1）2 000元以下　（2）2 000～4 000元　（3）4 000～8 000元　（4）8 000元以上

1．请问您喜欢哪种材料的首饰？（多选）

（1）贵金属类（金、银、铂金、合金等）

（2）宝石类（钻石、红蓝宝石、石榴石）

（3）玉石类（翡翠、软玉等）

（4）有机质宝石（珍珠、琥珀、珊瑚等）

（5）其他材料（琉璃、瓷、树脂、木等）

（6）其他（请注明）______

2．您喜欢的首饰风格是什么？（单选）

（1）个性独特型　（2）简单自然型　（3）高贵典雅型

（4）时尚前卫型　（5）传统古典型　（6）其他（请注明）______

3．您喜欢哪类首饰饰品？（单选）

（1）艺术类　（2）个性化类　（3）传统类　（4）时尚类

4．您会选择定制首饰吗？（单选）

（1）会　（2）不会

5．您理解的个性化首饰是怎样的？（单选）

（1）量身定做的首饰　（2）独特设计风格的首饰　（3）不是批量生产的首饰

（4）有创意内涵的首饰　（5）其他（请注明）______

6．您喜欢什么形状的钻石？（单选）

（1）圆形　（2）方形　（3）橄榄形

（4）梨形　（5）心形　（6）椭圆形　（7）其他（请注明）______

7. 您对哪种贵金属材质的首饰较感兴趣？（单选）

（1）铂金 （2）黄金 （3）K金 （4）钯金

（5）925银 （6）不锈钢 （7）其他（请注明）______

8. 您喜欢哪种有色宝石？（单选）

（1）红宝石 （2）蓝宝石 （3）祖母绿 （4）欧泊 （5）碧玺

（6）橄榄石 （7）紫水晶 （8）石榴石 （9）不清楚

9. 您喜欢什么颜色的珍珠？（单选）

（1）黑色 （2）白色 （3）浅粉红 （4）浅金黄 （5）其他（请注明）______

10. 您购买首饰出于何种目的？（单选）

（1）赠送礼物 （2）结婚纪念 （3）增添个人魅力 （4）体现身份

（5）收藏 （6）保值升值 （7）与服装搭配 （8）其他（请注明）______

11. 请问以下哪些选项是您决定购买某件首饰的重要因素？（多选）

（1）款式设计 （2）材质 （3）工艺技术 （4）价格 （5）品牌

（6）售后服务 （7）广告 （8）促销活动 （9）商场信誉

（10）朋友推荐 （11）卖场环境 （12）其他（请注明）______

12. 您一般到哪里购买首饰？（多选）

（1）商场 （2）专卖店 （3）网站 （4）货摊 （5）珠宝批发市场

（6）生产厂家 （7）旅游纪念地 （8）展销会 （9）其他（请注明）______

13. 您一般通过何种途径获得首饰信息？（多选）

（1）杂志、报纸 （2）网络 （3）电视广告 （4）街头广告

（5）朋友介绍 （6）商场售货员 （7）其他（请注明）______

14. 请问您一年大约选购几件首饰？（单选）

（1）无 （2）1～2件 （3）3～4件 （4）5～6件 （5）更多

15. 请问您通常会选在什么时候购买首饰？（单选）

（1）婚庆 （2）生日 （3）过节 （4）纪念日 （5）购买时间不确定

16. 请问您大概可以接受以下哪个价位的首饰？（单选）

（1）500元以下 （2）500～2 000 元 （3）2 000～5 000 元

（4）5 000～10 000元 （5）10 000～50 000 元 （6）50 000元以上

步骤3　汇总、分析调研结果

调研报告的正文主要包括四个部分：调研方案执行结果评价，包括整体方案和技术方案的执行结果评价，特别是对关于调研对象的选择、问题的设计和依据、收集资料方式及调研事件等给予评价；分析问题，包括对一些测量方式的解释及误差的估计；提炼结论性意见，从实际调研的情况和数字出发，通过现象来把握本质；提出建议对策，根据资料对发展趋势进行估计和计算。调研报告的正文范文如下。

（1）调研的基本情况

本次消费者购买首饰行为调研的消费者性别结构、年龄结构、月收入、职业结构、知识结构基本情况如下。

这次调研共发出问卷300份，收回280份。本次调研以问卷的形式，在上海地区通过街头随机调研，以及到5家外企、3家社团、2家机关、4所学校等地方调研。

1）从被调研者的性别结构来看，接受调研的女性多于男性，女性213人，男性67人，女性占被调研人数的76.1%。

2）从被调研者的年龄结构看，占比例最大的是25～35岁人群，占33.2%，其次是25岁以下的人群，占27.3%，再次是36～45岁人群，占20%。

3）从月收入结构看，2 000元以下低收入的被调研者占16.1%，2 000～4 000元的中低收入被调研者占32.8%，4 000～8 000元的中等收入被调研者占37.2%，8 000元以上的高收入被调研者占13.9%。

4）从职业结构看，普通职员占42.8%，其次是学生23.2%，再次是教师7.8%。

5）从知识结构看，高中及以下学历占13.6%，大专学历占36.7%，本科学历占41.5%，硕士以上占8.2%。

调研说明国内个性化首饰的消费正在逐步升温，在不久的将来，随着我国消费者经济能力的加强、审美能力的提高，个性化首饰的制作和消费有望在整个首饰消费市场中占非常大的比例，成为主流消费群体的首选。

（2）调研结果重点分析

1）关于您喜欢哪类的首饰饰品这一问题。有38.57%的人选择了个性化首饰。其次是时尚首饰，占被调研者的32.27%。选择传统首饰和艺术首饰的人数差不多，分别为14%左右，见表1—1。

2）关于您会选择定制首饰吗这一问题。有55%的人选择了会，见表1—2。

表1—1　　女性与男性喜欢首饰饰品的调研

	人　数	艺术首饰	个性化首饰	传统首饰	时尚首饰
女　性	213	11.07%	28.57%	9.29%	27.37%
男　性	67	3.5%	10.0%	5.3%	4.9%
总　计	280	14.57%	38.57%	14.59%	32.27%

表1—2　　女性与男性选择定制首饰情况调研

	人　数	会	不　会
女　性	213	40.36%	35.71%
男　性	67	14.64%	9.29%
总　计	280	55%	45%

3）从首饰购买目的的调研来看，被调研者购买首饰的最主要目的是增添个人魅力，占被调研人数的36.5%。其次是与服装搭配，占被调研人数的23.9%。第三是赠送礼物，占被调研人数的13.2%，见表1—3。调研中56岁以上人群购买首饰的主要目的是收藏，占被调研人数的1.1%。调研说明随着物质的不断丰富，人们逐渐重视精神领域的追求，对首饰不再停留于体现财富地位和保值升值的传统消费观念上，开始注重追求首饰个性和品位。25岁以下人群购买首饰的主要目的是与服装搭配，占被调研人数的8.8%，其次是赠送礼物，占被调研人数的6.4%，第三是增添个人魅力，占被调研人数的5.4%，调研说明针对25岁以下人群设计的首饰要注重首饰色彩的运用。

表1—3　　不同年龄对购买首饰的目的调研情况

	赠送礼物	结婚纪念	增添个人魅力	体现身份	收　藏	保值增值	与服装搭配	其　他
25岁以下	6.4%	1.4%	5.4%	0	1.8%	1.4%	8.8%	2.5%
26～35岁	2.5%	2.5%	16.1%	0.7%	2.5%	1.4%	7.1%	0.4%
36～45岁	1.8%	0.7%	8.2%	0	2.5%	1.4%	5.4%	0
46～55岁	1.8%	1.4%	6.1%	0.4%	1.8%	1.8%	2.6%	0
56岁以上	0.7%	0	0.7%	0	1.1%	0.7%	0	0
合　计	13.2%	6%	36.5%	1.1%	9.7%	6.7%	23.9%	2.9%

4）追求个性化首饰的发展趋势对产业结构调整提出挑战，整个首饰行业将从“加工型”向“创意型”转变，设计师的地位将有较大提高，对设计师的创新设计能力也相应会有比较高的要求。从不同年龄对喜欢的首饰风格的选择情况看，被调研的人群最喜欢

的首饰风格是简单自然型，占被调研人数的47.2%。其次是个性独特型，占被调研人数的26.8%。第三是高贵典雅型，占被调研人数的13.2%。25岁以下的人群最喜欢的除了第一选择是简单自然型占被调研人数的11.4%外，其次是个性独特型占被调研人数的7.8 %，第三是时尚前卫型占被调研人数的3.2%，见表1—4。

表1—4　不同年龄对喜欢的首饰风格的选择调研情况

	个性独特型	简单自然型	高贵典雅型	时尚前卫型	传统古典型	其他类型
25岁以下	7.8%	11.4%	2.1%	3.2%	1.0%	1.7%
25～35岁	9.8%	17.9%	3.6%	1.5%	0.4%	0.4%
36～45岁	4.6%	8.9%	3.6%	1.0%	1.4%	0.4%
46～55岁	3.9%	7.9%	2.9%	0.4%	1.0%	0
56岁以上	0.7%	1.1%	1.0%	0	0.4%	0
合　计	26.8%	47.2%	13.2%	6.1%	4.2%	2.5%

5）按不同年龄能够接受首饰价位的调研说明，被调研者接受首饰价位的首选是2 000～5 000元，占被调研人数的36.1%。其次是500～2 000元，占被调研人数的32.5%。第三是5 000～10 000元，占被调研人数的16.1%。按年龄分，25岁以下能够接受的首选价格是500～2 000元，占被调研人数的11.1%。其次是500元以下，占被调研人数的7.1%；26～35岁人群能够接受的首选价格是2 000～5 000元，占被调研人数的16.1%，其次是500～2 000元，占被调研人数的10%；36～45岁的人群能够接受的首选价格是2 000～5 000元，占被调研人数的8.2%，其次是500～2 000元，占被调研人数的5.4%；46～55岁人群能够接受的首选价位是2 000～5 000元，占被调研人数的5.7%，其次是500～2 000元占被调研人数的4.6%；56岁以上人群能够接受的首选价格是500～2 000元，占被调研人数的1.4%，见表1—5。

表1—5　不同年龄能够接受首饰价位的调研情况

	500元以下	500～2 000	2 000～5 000	5 000～10 000	10 000以上
25岁以下	7.1%	11.1%	5.4%	1.8%	2.1%
26～35岁	1.1%	10.0%	16.1%	4.6%	1.4%
36～45岁	0	5.4%	8.2%	5.0%	1.4%
46～55岁	1.8%	4.6%	5.7%	3.9%	0
56岁以上	0	1.4%	0.7%	0.8%	0.4%
合　计	10.0%	32.5%	36.1%	16.1%	5.3%

6）在调研消费者最喜欢的首饰材料时，72.1%的被调研者喜欢铂金贵金属材料，11.4%的被调研者喜欢黄金，只有8.2%的被调研者喜欢925银。调研说明首饰设计师针对国内消费人群设计的首饰选用材料最好是贵金属。

人们对个性化首饰的需求越来越迫切，因此首饰设计师一定要提升首饰原创和自主设计的水平，构建具有人文关怀的艺术创新体系。立足本土、放眼世界，以开阔的胸襟、扎实的专业知识、良好的艺术表达能力面对市场，创作出独具个性的首饰作品。

思考题

1. 写生和素描、速写等基础绘画有什么区别？
2. 什么是平面构成及立体构成？
3. 主要构成法则有哪些？
4. 图案变化的方法有哪些？
5. 设计首饰市场调研方案有哪些步骤？
6. 设计首饰调研问卷包含了哪些内容？
7. 实施组织首饰调研方案有哪些内容要考虑？
8. 影响首饰消费者行为的因素有哪些？
9. 影响首饰购买决策的因素有哪些？

第二章　首饰工艺材质与款式风格

第1节　首饰特种工艺和材质比较与选择

学习单元1　首饰特种工艺比较与选择

学习目标

1. 了解特种金属工艺加工后的视觉呈现
2. 掌握首饰特种金属工艺加工的要领
3. 能够在设计中对所需要的特种工艺进行正确的选择

知识要求

1. 珠粒工艺

珠粒工艺就是不经过焊料焊接，而是通过熔融的方法把圆的或其他形状的金属颗粒熔合到一块金属表面的技术。珠粒工艺以前属于熔融工艺，但由于技术性强，现在把它单列出来介绍。而现在指的熔融，是指让金属具有自然外表的工艺。

珠粒工艺非常适合用于装饰首饰表面，可以起到点、线或面的装饰作用。珠粒的外观可大、可小，可圆、可长；可以做有序或无序的排列；可以装饰整个首饰表面或起到画龙点睛的作用。由于应用珠粒工艺的创作方法灵活多变，所以受许多设计师所青睐。图2—1就是将珠粒排成点、线或面，起装饰作用，体现对“细节性”和“优雅”的追求。图2—2则一反传统中对珠粒的平铺处理，代之推积，使整个首饰看起来灵活而又充满现代感。

图2—1　经典戒指
（美国设计师　Zaffiro.Jack，Elizabeth Gualtieri）

图2—2　“花粉”胸针
（美国设计师　Emma Gale）

2. 阳极氧化工艺

阳极氧化是一种使金属表面上色的工艺技术。在首饰的表面上色处理工艺中，阳极氧化同氧化一样不需要经过高温烧制，属于冷处理手段。但氧化通常用于做旧首饰表面，而阳极氧化可以在铝、钛、铌上造就异常丰富、绚烂、斑斓的色彩，形成的色彩纹理自由而随意，如图2－3所示。铝和钛是两种最多使用阳极氧化工艺来表现首饰设计意图的金属材料。两种金属阳极电镀的化学药品、准备和过程有所不同，所创造的颜色也有所区别，铝的色彩比钛亮一些。

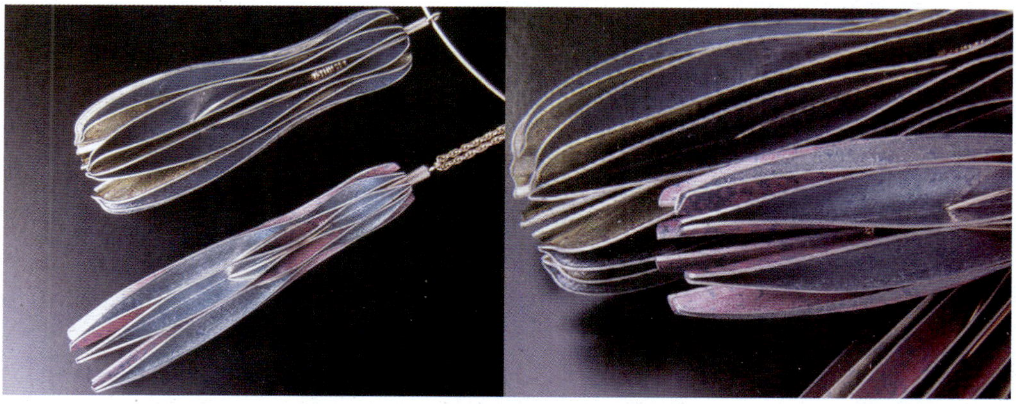

图2—3　“花”吊坠（美国设计师　Jane Adam）

阳极氧化可以反映宽广的色域，成就特殊的色彩效果。在首饰设计中，如需要色彩效果自由、呈现类似偶发的状态，可以采用阳极氧化工艺。

3. 表面着色工艺

表面着色工艺通过把金属暴露于各种化学物品之中，让其表面上色，使物品表面留下长期被使用或为岁月磨砺的痕迹。铜、青铜、黄铜、镀金金属、银都适用于此种工艺。在铜和青铜上表面着色后会呈现绿或蓝色，在银上表面着色后会呈现深灰色。表面着色必须在首饰部件完成后进行，因为焊接、酸洗会使着色消失。另外，着色前首饰必须彻底清洗干净。

首饰设计中，如需要使首饰表面呈现年代感，又不满足于氧化做旧处理后的黑色时，可以采用表面着色工艺，如图2—4所示。

图2—4 颈饰（美国设计师 Reinier Brom）

技能要求

以传统的圆珠粒为例进行金珠粒工艺的操作

操作步骤

步骤1 酸洗首饰工件，然后用清水洗净并擦干。

步骤2 根据所需珠粒大小，将银或金丝剪成小段，置于圆形坑洞内（可在耐火板上或木炭块上压成圆形坑洞）。

步骤3　在制作珠粒的金属外部涂上一层硼砂焊剂，避免氧化的同时可使珠粒更圆。

步骤4　用火枪将洞内的金属丝融成珠粒状。

步骤5　利用“低共熔原理”（由2～3种金属熔成合金来使熔点低于组成它的各个金属的熔点），在金属上覆一层薄薄的铜粉，把珠粒粘到首饰工件上，使珠粒与首饰工件在烧熔的状态下形成低共熔合金，让珠粒和首饰工件熔合在一起。22K黄金很适合做珠粒（见图2—5），纯银也很适合做珠粒。

图2—5　金珠粒

注意事项

（1）首饰工件上的大部分焊接都应在熔接珠粒之后进行，因为熔接珠粒比焊接的温度要高，之后的焊接应使用低温焊药，在珠粒上要刷隔热剂进行保护。

（2）在熔接珠粒时，必须使珠粒和首饰工件同时受热并且温度一致，否则珠粒将会塌陷、熔化，还会在首饰工件上留下橘皮状的皱纹，从而影响效果。

（3）在整个过程中需时刻保持首饰工件和珠粒的清洁，熔接珠粒前必须彻底酸洗首饰工件，以保证去掉污渍和氧化层。清洁之后的首饰工件要用镊子夹取。

（4）在珠粒工艺过程中，对珠粒的保护尤为重要，避免损伤或于首饰工件上脱落。熔接珠粒前，首饰工件最好已经过砂纸的打磨，熔接珠粒后，进行最后抛光即可。另外，在最后抛光时也需要非常小心，以免珠粒从首饰工件上脱落。

阳极氧化铝工艺操作

操作步骤

步骤1　先去除铝金属表面油污，根据需要的金属颜色控制时间。

步骤2　清洗并擦干。

步骤3　腐蚀，根据需要的金属颜色控制时间。

步骤4　清洗并擦干。

步骤5　将金属浸在硝酸溶液中，根据需要的金属颜色控制时间。

步骤6　清洗两次并擦干。

步骤7　进行阳极氧化的处理，根据需要的金属颜色控制时间、温度、电压、电流。

步骤8　清洗并擦干。

步骤9　将金属放入苏打水里中和。

步骤10　清洗并擦干。

步骤11　染色，根据需要的金属颜色控制时间。

步骤12　清洗并擦干。

注意事项

（1）阳极氧化过的铝比未进行过此项工艺操作的铝层要厚，但氧化层脆而薄，再进行后续加工会破裂。所以阳极氧化应作为最后的工序，在首饰造型、抛光之后进行。

（2）用酸洗液漂白不想要的颜色。注意不要直接用手接触酸洗液，如液体碰到皮肤，要尽快清洗。

（3）阳极氧化后的金属表面变得多孔，从而可以吸收多种颜料，如染色剂、着色剂、墨水等。其中，呈现为粉末状，可以混合水的颜料较好，因为它的着色更加牢固，并且易于控制。

铜金属表面着色工艺（着蓝绿色）的操作

操作步骤

步骤1　用木屑或烟草装满一个可密封的塑料盒。

步骤2　量1份醋和3份氨水，倒进一个玻璃罐中混合。把足够的混合溶液注入塑料盒内，以浸湿木屑或烟草。

步骤3　通过酸洗、水洗的方法清洗铜，然后用干湿两用纸擦拭，然后晾干。注意酸洗或水洗时，液体要均匀覆盖铜的所有的表面。

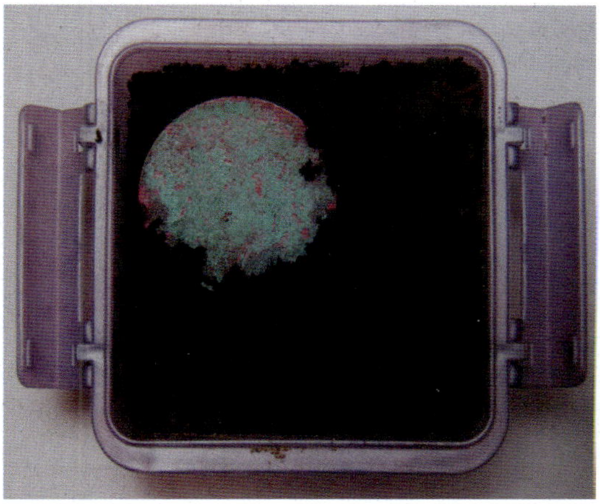

图2—6　步骤1

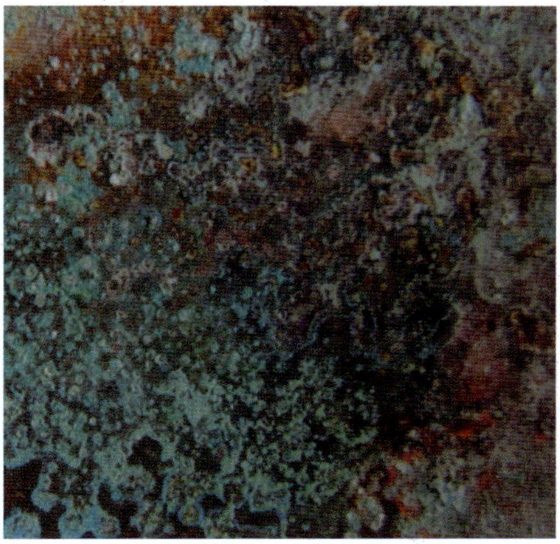

图2—7　着蓝绿色效果

步骤4　把铜放在木屑或烟草中，使它完全被木屑或烟草所覆盖。密封盒子，最少1 h，48 h最佳。

步骤5　获得理想的蓝绿色效果后（见图2—6和图2—7），将铜从盒内取出。塑料盒和木屑或烟草可储藏至以后继续使用。

注意事项

（1）所有使用于表面着色的溶液都会冒烟，因此必须在通风良好并且有自来水的地方进行此种工艺的操作。

（2）操作时戴面罩，以免吸入烟雾，进行任何处理和拿取金属时都需要戴橡胶手套，以免受到伤害。

铜金属表面着色工艺（着蓝色）的操作

操作步骤

步骤1　用氨水装满一个口部开放的容器。

步骤2　将铜片平放，置于装氨水的容器旁，把盐撒在铜片上并覆盖铜片。

步骤3　用水或醋将铜沾湿。

步骤4　用塑料容器将铜片和装氨水的容器罩住；或将他们放在塑料容器内，用盖密封。

步骤5　让铜片至少放置几个小时，最好放两天，待着色完成后取出，如图2—8所示。把氨水装回它原来的容器里。

图2—8　着蓝色效果

注意事项

（1）所有使用于表面着色的溶液都会冒烟，因此必须在通风良好并且有自来水的地方进行此种工艺的操作。

（2）操作时戴面罩，以免吸入烟雾。进行任何处理和拿取金属时都需要戴橡胶手套，以免受到伤害。

学习单元2　常用宝石比较与选择

学习目标

1. 了解常用宝石的工艺性质
2. 熟悉常用宝石的设计特征
3. 能够根据常用宝石的象征意义和外观特征选用宝石进行首饰设计

知识要求

在首饰设计中，选择常用宝石时往往要考虑这些常见宝石的设计特征和工艺性质。常见宝石影响设计的外观特征主要有颜色、光泽、透明度、色散、特殊光学效应等；影响宝石选用的工艺性质主要有硬度、解理、断口等。

1. 锆石

（1）锆石的特性（见图2—9和图2—10，见表2—1）

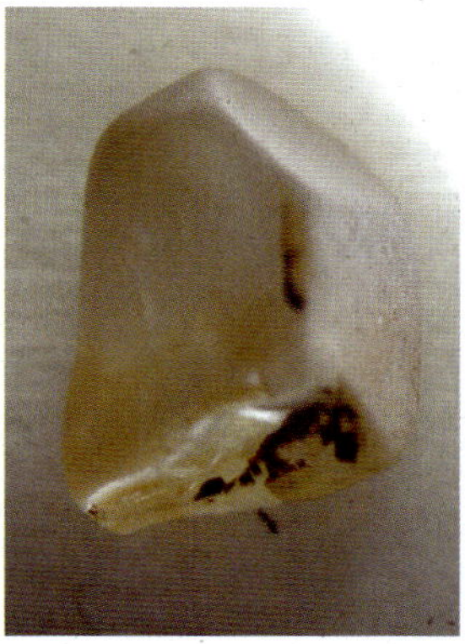

图2—9 锆石晶体

图2—10 蓝色锆石

表2－1 锆石的特性

化学成分	$ZrSiO_4$，可含有Ca、Mg、Mn、Fe、Al、P、Hf、U、Th 等元素
晶　系	四方晶系
晶体习性	晶体常呈四方双锥状、柱状、板柱状

（2）锆石的设计特征

锆石的颜色丰富，常见的有无色、蓝色、黄色、绿色、褐色、橙色、红色、紫色等，锆石的颜色中蓝色的价值最高。无色的品种因可以仿钻石而受到市场欢迎。其他的如纯正鲜艳的绿色、黄绿色、黄色等，也受到人们喜爱。

锆石光泽强，具强玻璃光泽至亚金刚光泽。锆石色散值为0.038，因此具强火彩。锆石一般为透明，少数半透明。锆石多色性一般弱。

按照结晶程度，锆石可以分为高型锆石、中型锆石、低型锆石三类。其中高型锆石为四方晶系，受辐射少，晶格基本没有发生变化，后刻面棱重影比较明显，光泽强，色散高，颜色多为深黄色、褐色、深红褐色等，是锆石中最重要的品种。低型锆石则结晶程度低，由氧化锆和氧化硅的非晶质混合物组成，后刻面棱重影不明显，常见的颜色有绿色、灰黄色、褐色等，内部常有云雾状包裹体及裂隙。中型锆石介于高型锆石和低型锆石之间，是两者间的过渡产物。

（3）锆石的工艺性质

锆石的摩氏硬度为6～7.5，无解理，断口呈贝壳状。锆石性脆，棱角易磨损（纸蚀现象），在加工时要避免冲击和碰撞。锆石的切工应在比例、抛光上考虑整体的明亮效果。最好切割时光轴垂直台面，这样从台面观察无多色性，还可避免从台面方向观察到后刻面棱重影而使宝石显得模糊不清。

2. 石榴石

（1）石榴石的特性（见图2—11～图2—16，见表2—2）

按照化学成分可以将石榴石分为铝榴石系列和钙榴石系列。铝榴石系列的主要品种有镁铝榴石、铁铝榴石、锰铝榴石；钙榴石系列的主要品种有钙铝榴石、钙铁榴石和钙铬榴石三种。

图2—11　钙铬榴石

图2—12　铁镁铝榴石

图2—13　锰铝榴石

图2—14　黄色钙铝榴石

图2—15　绿色钙铝榴石

图2—16　黄色钙铁榴石

表2－2　石榴石的特性

化学成分	$A_3B_2(SiO_4)_3$，其中A为二价阳离子，主要为Fe^{2+}、Ca^{2+}、Mg^{2+}、Mn^{2+}等，B为三价阳离子，主要为Al^{3+}、Fe^{3+}、Cr^{3+}等
晶　系	等轴晶系
晶体习性	晶体多为菱形十二面体、四角三八面体及两者聚形

（2）石榴石的设计特征

在外观上，石榴石具有除蓝色之外的各种颜色，主要有红色系列（红色、粉红、紫红、橙红）、黄色系列（黄色、褐黄）、绿色系列（翠绿、黄绿等）。按颜色分，石榴石的主要品种有：

1）镁铝榴石。颜色为棕至深橙红色、红色。

2）铁铝榴石。颜色为橙红至红、紫红至红紫，色调较暗。

3）锰铝榴石。颜色为橙色至橙红。

4）钙铝榴石。颜色为浅绿至深绿、浅黄至深黄、橙红、无色（少见）。

5）钙铁榴石。颜色为黄、绿、褐黑等，分别被称为黄榴石、翠榴石、黑榴石。

6）钙铬榴石。颜色为绿色。

无论是红色、黄色还是绿色系列，石榴石特征的褐红、紫红、橙黄、翠绿等颜色均能给人以深刻印象。由于折射率较高，石榴石一般具有亮玻璃至亚金刚光泽，比常见的尖晶石、碧玺等光泽都强。在透明度上，石榴石一般为透明至半透明。在净度上，石榴石的针状、不规则或浑圆状晶体包裹体等特征比较明显，有时肉眼可见。

（3）石榴石的工艺性质

石榴石的摩氏硬度为6～8，无解理；密度一般为3.50～4.30 g/cm³。石榴石略显脆性，在加工过程中要避免撞击和机械振动，还要注意及时冷却，防止破裂。

3. 尖晶石

（1）尖晶石的特性（见图2—17～图2—19，见表2—3）

图2—17　尖晶石的八面体

图2—18　蓝色尖晶石

图2—19　红色尖晶石

表2—3　　尖晶石的特性

化学成分	$MgAl_2O_4$，可含有Cr、Fe、Zn、Mn等元素
晶　　系	等轴晶系
晶体习性	八面体晶形，有时可见八面体与菱形十二面体的聚形

（2）尖晶石的设计特征

人们常以颜色和特殊光学效应来对尖晶石分类。尖晶石的颜色有红、橙红、粉红、紫红、无色、黄、橙黄、褐、蓝、绿、紫等，可根据颜色和特殊光学效应将尖晶石分为以下品种：

1）红色尖晶石。各种红色调的尖晶石中，红色和深红色似红宝石的最受人们欢迎。因为红色尖晶石酷似红宝石，红色尖晶石也被人们称为“大红宝石”。

2）橙色尖晶石。颜色为橙红色到橙色的尖晶石。

3）蓝色尖晶石。颜色为蓝色到蓝绿色。

4）无色尖晶石。无色尖晶石很稀少。

5）绿色尖晶石。绿色尖晶石很稀少。

6）变色尖晶石。变色尖晶石有变色效应，在日光下呈蓝色、白炽灯下呈紫色。

7）星光尖晶石。暗红棕色、紫红色、中灰色至黑色的尖晶石有时会具星光效应，可有四射或六射星光。

肉眼观察时，尖晶石的特征为颜色丰富、玻璃光泽至亚金刚光泽。大多数尖晶石透明，内部往往可见成串的粒状矿物包裹体，切工好时能够见到火彩。

（3）尖晶石的工艺性质

尖晶石的摩氏硬度为8，有不完全解理。尖晶石的密度为3.6 g/cm^{3}左右，黑色者近于4.00 g/cm^3。尖晶石性脆，大多数尖晶石受到外力后易碎，因此在加工中对尖晶石施加的力不宜太大。

4．橄榄石

（1）橄榄石的特性（见图2—20和图2—21，见表2—4）

图2—20　橄榄石晶体

图2—21　橄榄石

表2—4　　橄榄石的特性

化学成分	$(Mg,Fe)_2SiO_4$
晶　　系	斜方晶系
晶体习性	呈柱状或短柱状，多不规则粒状

（2）橄榄石的设计特征

橄榄石常见的颜色有黄绿色、绿色、褐绿色，玻璃光泽，一般肉眼观察给人清澈透明的感觉，多色性弱，为黄绿色或绿色。橄榄石色散为0.02，切工好时可见火彩，内部有时可见睡莲叶状包裹体。

（3）橄榄石的工艺性质

橄榄石的摩氏硬度为6.5～7，有{010}面中等不完全解理，密度为3.3～4.4 g/cm^3。橄榄石性脆，在加工过程中应避免过大的压力和振动。橄榄石受热也会使原有的裂纹变大，所以在加工橄榄石时要注意冷却。

5. 碧玺

（1）碧玺的特性（见图2—22和图2—23，见表2—5）

图2—22　西瓜碧玺

图2—23　各色碧玺

表2—5　碧玺的特性

化学成分	碧玺的化学成分较复杂，为（$(Na,K,Ca)(Al,Fe,Li,Mg,Mn)_3(Al,Cr,Fe,V)_6(BO_3)_3(Si_6O_{18})(OH,F)_4$
晶　系	三方晶系
晶体习性	浑圆三方柱状或复三方锥柱状晶体，晶面纵纹发育

（2）碧玺的设计特征

碧玺有各种颜色，常常同一晶体内外或不同部位可呈双色或多色。碧玺为玻璃光泽，大多数碧玺透明，少数为半透明到不透明。碧玺二色性中至强，为深浅不同的体色。在特殊光学效应上，碧玺有猫眼效应，有时有变色效应。

作为继五大珍贵宝石之后的彩色宝石，碧玺因为鲜艳的颜色、美丽的外观，近年来受到消费者的喜爱和追捧，碧玺的品种按颜色和特殊光学效应来分，主要有：

1）红碧玺。颜色为粉红至红色的碧玺。

2）蓝碧玺。颜色为浅蓝至深蓝色碧玺。

3）绿碧玺。颜色为黄绿、蓝绿、深绿、棕绿等绿色调碧玺的总称。巴西产的绿碧玺有“巴西祖母绿”之称。

4）多色碧玺。多色碧玺在同一个碧玺的单晶体上出现2～3种颜色，如西瓜碧玺就具粉红色和绿色两种颜色。

5）褐色碧玺。颜色为黄褐至深褐色。

6）碧玺猫眼。当碧玺内含大量的平行纤维状包裹体或管状包裹体时，碧玺可能出现猫眼效应。常见的碧玺猫眼为绿色，少数为蓝色、红色等。

（3）碧玺的工艺性质

碧玺的摩氏硬度为7～8，无解理，密度为3.06～3.26 g/cm^{3}左右。碧玺在加工时，要注意定向，使美丽的颜色出现在台面上。由于碧玺内部往往有空管或裂隙，所以在抛光前需要用蜡将碧玺的孔隙封住，以免抛光材料渗入污染。

6. 托帕石

（1）托帕石的特性（见图2—24和图2—25，见表2—6）

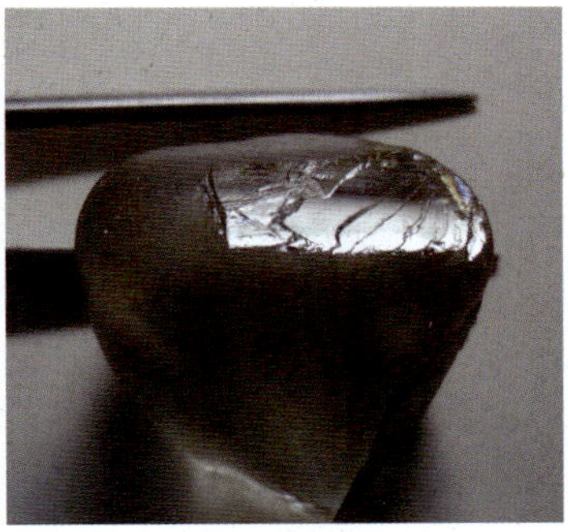

图2—24　托帕石的底面完全解理和阶梯状断口

图2—25　无色和蓝色托帕石

表2－6　托帕石的特性

化学成分	$Al_2SiO_4(F,OH)_2$，可含有Li、Be、Ga等微量元素，粉红色可含Cr
晶　　系	斜方晶系
晶体习性	柱状，柱面常有纵纹

（2）托帕石的设计特征

托帕石常见的颜色为无色、淡蓝、蓝、黄、粉、粉红、褐红、绿等，玻璃光泽，透明，多色性弱至中。根据颜色，托帕石可以分为以下几个品种：

1）粉红色、红色托帕石。红色系列的托帕石透明洁净，较为珍贵。

2）黄色托帕石。金黄色或酒黄色的托帕石价值较高。淡黄色或黄褐色的托帕石可以用作加热改色的原料，热处理后可形成粉红至红色。

3）蓝色托帕石。蓝色调的托帕石，一般为天蓝色、略带灰或绿色调。

4）无色托帕石。无色托帕石产量多，晶体比较大，常作为辐照改色成蓝色托帕石的原料。

（3）托帕石的工艺性质

托帕石的摩氏硬度为8，具有平行底面的一组完全解理，密度3.49～3.57 g/cm^3。因为托帕石的底面完全解理，在加工时要注意台面一定要与晶体的底面有一定角度，同时应尽量使小刻面也不与晶体的底面平行。对一些多色性明显的托帕石，加工时还要注意使最佳颜色出现在台面方向上。

7. 海蓝宝石

（1）海蓝宝石的特性（见图2—26和图2—27，见表2—7）

图2—26　海蓝宝石晶体

图2—27　海蓝宝石

表2—7　海蓝宝石的特性

化学成分	$Be_3Al_2Si_6O_{18}$，其蓝绿色由Fe^{2+}元素致色
晶　系	六方晶系
晶体习性	六方柱状，常见晶面纵纹

（2）海蓝宝石的设计特征

海蓝宝石大多为绿蓝色至蓝绿色、浅蓝色，一般色调较浅，玻璃光泽，透明至半透明。肉眼观察时，海蓝宝石仿佛是一汪清澈的海水，使人心旷神怡。海蓝宝石多色性弱至中等，呈蓝色、绿蓝色等不同色调的蓝色，内部常有“雨丝”状包裹体、平行管状包裹体等，因此有时会有猫眼效应。

（3）海蓝宝石的工艺性质

海蓝宝石的摩氏硬度为7.5～8，有一组不完全解理，密度为2.67～2.9 g/cm^3。海蓝宝石在加工时要注意颜色和猫眼效应的定向，对有空管和裂隙的海蓝宝石，应尽量避免抛光剂的污染。

8. 水晶

（1）水晶的特性（见图2—28和图2—29，见表2—8）

图2—28　紫晶

图2—29　黄晶

表2－8　水晶的特性

化学成分	SiO_2，可含有Ti、Fe、Al等元素
晶　　系	三方晶系
晶体习性	单晶常呈六方柱、菱面体状、不规则状、扁平状或晶簇形式出现，柱面横纹发育

（2）水晶的设计特征

水晶主要有无色、紫色、黄色、粉红色，不同程度的褐色、黑色，绿色(稀少)。依据颜色和特殊光学效应等，水晶的品种划分如下：

1）水晶。无色透明的二氧化硅晶体通常直接称为水晶。

2）紫晶。颜色为紫色的水晶，成分中含微量的氧化铁。

3）黄晶。颜色为黄色的水晶，有浅黄、黄褐、金黄等，自然界产出较少，市场上的黄晶还有很多是紫晶热处理形成的。

4）烟晶。颜色为烟色至棕褐色的水晶，成分中含微量的Al^{3+}。烟晶热处理后可变成无色水晶。

5）芙蓉石。颜色为粉红至蔷薇红色的水晶，因含微量的锰和钛而致色。芙蓉石单晶体少见，多为致密块状。芙蓉石当含针状包裹体时，可出现星光效应。芙蓉石颜色不稳定，加热可褪色。

6）绿水晶。市场上的绿水晶多为紫晶在热处理成黄晶的过程中的中间产物，或是由于水晶中含大量的绿泥石等包裹体而整体呈绿色。

7）紫黄晶。一般为同一块晶体上同时存在紫色和黄色两种颜色。

8）石英猫眼。有猫眼效应的水晶。

9） 星光水晶。有星光效应的水晶，一般为六射星光，如粉红色的芙蓉石中有时能见到。

（3）水晶的工艺性质

水晶的摩氏硬度为7，无解理，韧性较好，密度为2.56～2.66 g/cm^3。水晶在加二时，颜色不均匀的要注意定向，使颜色最美的方向出现在台面上，或使星光和猫眼效应能得到体现。

技能要求

常用宝石的选用

在首饰设计中，能够根据锆石、石榴石、尖晶石、橄榄石、碧玺、托帕石、海蓝宝石、水晶等常用宝石的象征意义和外观特征等进行比较和选择。

1. 锆石的选用

锆石特别是高型锆石因其强光泽、强火彩而显得光芒四射，作为12月的生辰石，传统上锆石象征着成功与必胜。

在选用锆石时，除了可以选用无色的品种来仿钻石外，应选用颜色鲜艳，在净度上肉眼观察无瑕疵，外观上刻面棱线无磨损的优质品。

2. 石榴石的选用

石榴石因颜色很像石榴的“籽”而得名。石榴石以高折射率、强玻璃光泽和美丽的颜色得到人们的喜爱。作为1月的生辰石，石榴石象征着忠诚和友爱。

选用石榴石时，一般要求颜色鲜艳、透明度高、肉眼无暇、切工完美。颜色是决定价值的一个最重要的因素。绿色石榴石价值最高，接下来依次为橙黄色、红色和暗红色等。在首饰设计时，可根据需要选择。

3. 尖晶石的选用

由于红色的尖晶石像红宝石般迷人，很久以前就被人们用作首饰，如中国清代官员帽子上镶的“红宝石”和英国国王王冠上的“黑太子红宝石”都是用尖晶石制成的。

在首饰设计中选用尖晶石时，颜色要求鲜艳纯正，以深红色为最佳，其次是紫红色、橙红色、浅红色、蓝色等艳丽的颜色；在净度上要求瑕疵少、透明度越高、质量越好；切工要求比例适当。

4. 橄榄石的选用

古罗马人称橄榄石为“太阳的宝石”，如今作为8月的生辰石，橄榄石象征着夫妇合欢和幸福。

在选用橄榄石时，要求颜色纯正，以中至深的绿色为好，有一种温和的感觉为佳。在净度上，希望没有包裹体和裂隙。切工要求比例适当，能够展示橄榄石的火彩。

5. 碧玺的选用

碧玺有热电效应，因此也叫电气石。由于碧玺有很强的吸附性，除了在首饰中用作饰品外，碧玺还在建筑材料、化妆品中有广泛的用途。碧玺和欧泊一起，作为10月的生辰石，象征着安乐和幸福。

选用碧玺时要求颜色鲜艳，如红色系常选用红色、玫瑰红色、紫红色，绿色系常选用祖母绿色，纯蓝色和深蓝色的价格也很高。碧玺的净度越洁净越好，内部瑕疵尽量少。碧玺的切工应比例对称、抛光良好。随着优质红蓝宝石、祖母绿的价格越来越贵，在彩色宝石中，碧玺家族中优质品的价格也越来越高。

6. 托帕石的选用

托帕石由于纯净透明、硬度高、韧性好获得人们喜爱。作为11月的生辰石，托帕石象征着友爱和希望。

在选用托帕石时，颜色上以深红色者价最高，依次是粉红色、蓝色和金黄色。托帕石的包裹体含量越少越好。

7. 海蓝宝石的选用

海蓝宝石因其具有海水般明亮清澈的蓝色、绿蓝色而得名。海蓝宝石与祖母绿同属绿柱石族，作为3月的生辰石，海蓝宝石象征着沉着和勇敢。

在选用海蓝宝石时，要考虑颜色、净度、切工、重量四个方面。颜色要求纯正、鲜艳，净度要求洁净无暇，切工要求比例准确、对称，重量越大则价值越高。

8. 水晶的选用

在自然界中，石英是最常见的造岩矿物之一。单晶石英在宝石学中被统称为水晶。在中国古代，水晶又叫水精、水玉、玉晶、千年冰等。水晶以其晶莹剔透、纯净无暇获得人们的喜爱。水晶中的紫晶为2月的生辰石，象征着诚实和善良。

选用水晶主要从品种、颜色、包裹体、大小等方面来进行。颜色要求浓艳、纯正，浓郁如葡萄的紫晶、艳丽如金色的黄晶价格较高；净度一般越纯净越好。

第2节　首饰款式风格与镶嵌工艺分析

学习单元1　首饰款式风格分析

学习目标

1. 熟悉首饰的款式风格
2. 熟悉首饰的结构
3. 能够根据不同性别、不同年龄层次，选择不同款式风格的首饰

知识要求

现代社会文化的多元化，使首饰设计常常将多种风格和手法糅合在一起，首饰材质

的运用极为丰富，创作理念推陈出新，形态设计别具一格。

首饰设计款式风格可以大致归纳为简单自然型、个性独特型、时尚前卫型、高贵典雅型、传统古典型等。不同年龄层次的人佩戴首饰的目的有所不同，所以他们偏爱的首饰款式、材料、风格、色彩都有所不同。

25岁以下的人群佩戴首饰主要是与服饰搭配及自我个性的一种表达，所以他们偏爱个性独特、时尚前卫、简单自然的首饰。在材料的选择上比较自由，只要首饰的风格是其所钟爱的，即使是银或黄（紫）铜材料的首饰，他们也都爱不释手。而在款式上，他们则偏爱一些造型夸张、色彩对比度高的首饰，如图2—30所示。

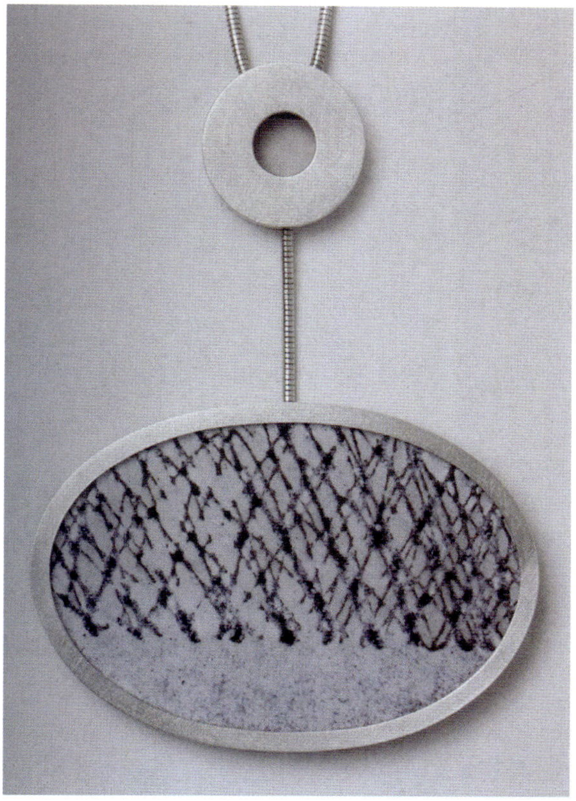

图2—30　项饰（英国设计师　Jessica Turrell）

26～35岁的人群佩戴首饰主要是增添个人魅力，其次是与服饰搭配，所以他们偏爱简单自然或个性独特的首饰；在色彩上，他们偏爱活泼中又不失稳重大方色调的首饰。他们注重首饰的表面处理或表面肌理，用以表达出他们的内在美，如图2—31所示。

图2—31　胸针（美国设计师　Mary Lee Hu）

36～45岁的人群佩戴首饰主要是提升个人魅力，但随着年龄的递增，以及购买能力的提高，他们在材质的选择上偏向贵重金属的首饰；在风格上偏爱高贵典雅型的首饰，在色彩上偏爱饱满而沉稳的色彩，以最大限度地表现自身的知性和魅力，如图2—32所示。

图2—32　耳饰（法国设计师　Paloma Picasso）

46岁以上的人群佩戴首饰除了增添个人魅力，还有一个重要目的是收藏。贵重金属、贵重宝石首饰是他们的最佳选择。在风格上，他们偏爱古典风格，在颜色上则偏爱喜庆吉祥、色调饱和的首饰，如图2—33所示。

图2—33　耳饰（美国设计师　Patty Bolz）

不同年龄层次的女性对首饰的色彩要求也各有差异。年轻的女性偏爱于冷色调的首饰，如银饰品或白金、铂金首饰，给人以简约之美。而随着年龄的增长，女性对首饰的色彩要求也会发生变化，由偏爱冷色调首饰改为偏爱暖色调的首饰，如黄金首饰给人以雍容华贵之美。不同性别在首饰色彩的选择上也有所不同，女款首饰中的色彩比较丰富，如图2—34所示。男款首饰的颜色则要柔和且沉稳，以冷色调为主，如黑色、蓝色、茶色、灰色等，如图2—35所示。

图2—34　耳饰（美国设计师　Hannah Louise Lamb）

图2—35　坠饰（设计师　江泓）

男款首饰和女款首饰在设计风格和肌理的选择上也有所不同。女款首饰为突出女性的温柔婉约，多以曲线或自然形来表现；男款首饰为突出男性的胸怀胆略和气质风度，多以直线为主，简单大方。男款首饰和女款首饰的表面处理也略有不同，女款首饰大都有着丰富的肌理，以突出女性的细腻情感，而男款首饰的表面则以光滑的处理为多。

技能要求

案例——名品首饰款式风格分析

分析图2—36所示蒂凡妮项饰的款式风格。

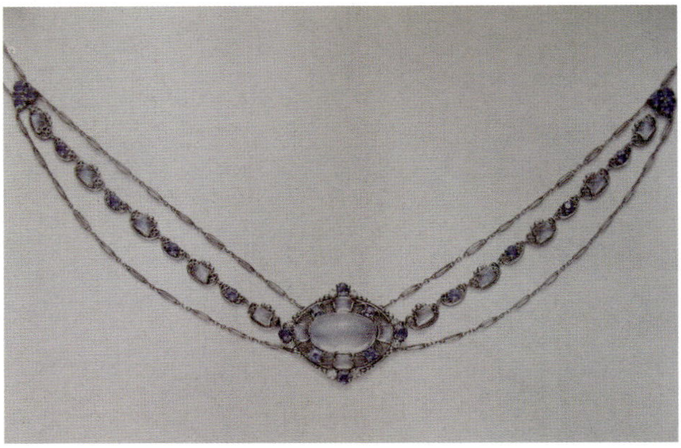
图2—36　蒂凡妮项饰

操作步骤

步骤1　分析首饰的款式

这是一款冷色调偏蓝的项饰，由弧面形宝石和刻面形宝石连接而成。这款首饰大方而又不失典雅，适合25～40岁的女性。

步骤2　分析首饰的结构

这款首饰是由多个单元的宝石连接而成，每个单元的宝石都是一环扣一环连接而成，这样的结构设计，在佩戴时就避免了每个小单元的翻转。每个宝石的底座，不论是大的坠饰部分，还是小的刻面宝石，都平整而又服帖。这种结构的设计，一是避免宝石因不服帖而翻转，二是避免了佩戴时刺伤肌肤。

步骤3　分析首饰的工艺

这款首饰做工非常精致。弧面形宝石为椭圆形和异形，因为宝石体积比较大，所以选择了包镶的方式，这样宝石能够比较牢固，不容易脱落。

学习单元2　宝石镶嵌工艺分析

学习目标

1. 了解宝石的镶嵌工艺
2. 了解各种特殊镶嵌工艺的特点和方法

知识要求

在宝石镶嵌工艺中，除了常见的爪镶、包边镶、包角镶、群镶等（在基础知识中已有介绍）外，还有飞边镶、轨道镶、打孔镶、无边镶、绕镶、蜡镶等。在做这些镶嵌工艺时，宝石仍是主体，金属托架则为陪衬。用什么方法进行镶嵌，通常取决于宝石的材质和外形，如公主方形宝石的镶嵌往往采用的是包角镶。所以，选用适当的镶嵌方法和工艺将宝石固定在首饰上非常重要。

1. 飞边镶工艺

飞边镶又称意大利镶，是一种包边镶与起钉镶相结合的镶嵌方法，如图2—37所示。

宝石被四周金属镶边围住的同时，又被若干铲起的小钉所固定。由于宝石周围的金属镶边比较低矮，不能完全包住宝石，所以镶边只起定位作用，而镶钉则起固定宝石作用。宝石周围的镶钉数量可以为3～6个不等。一般镶边上铲起的镶钉数量越多，也就越小。飞边镶主要用于翻面型宝石的镶嵌。飞边镶可以保持宝石原来尺寸，使宝石不易钩挂衣物，也避免了包边镶造成的宝石腰部变小的情况。

图2—37　吊坠（设计师　Van Cleef & Arpels）

2. 轨道镶工艺

轨道镶又称夹镶、槽镶，利用两条中间对应位置上开有浅槽的金属条带，夹住一排宝石腰部的线状槽的镶嵌方法，如图2—38所示。它有两种形式：其一是在金属镶口两侧车出槽沟，把宝石夹进槽构的双轨镶嵌；其二是在金属镶口单侧车出槽沟，另一侧用爪镶等其他固定方法的单轨镶嵌。轨道镶嵌具有外观线条流畅，分布整洁美观的优点，更显得豪华珍贵。

（1）轨道镶嵌工艺适合于一系列小粒宝石（如圆形钻和梯形钻）的条带状集镶嵌；也可用于单颗或多颗比较大的宝石的现代款式镶嵌。

（2）轨道镶嵌工艺一般要求宝石群体的高度、腰部宽度和厚度（直径或尺寸）基本一致或连续地渐变，以保证镶嵌质量。同时，对于梯形宝石也要求其形状和大小一样，这样弯曲轨道镶嵌时才能紧密吻合。

（3）在双轨镶嵌中，夹住宝石的两条金属条带呈轨道状排列，其间距为稍窄些的此排宝石腰部宽度；槽高适当，保持宝石台面平整；槽形与宝石腰部形状相近。

（4）金属托架的卡槽可以预先设计在原模上，浇铸出来的铸件已带有卡槽，稍加修整就可以直接镶嵌了，也可以在镶嵌前，用工具在金属托架上开槽。

（5）所镶宝石群体形成的平面（或曲面）平整光滑。

图2—38 蒂凡妮胸针

3. 打孔镶工艺

打孔镶是将圆珠状宝石、珍珠、琥珀等打孔后，用首饰托架上焊接的金属针来固定的镶嵌方法。珠状或近似珠状的宝石、珍珠的镶嵌，很难用爪镶、铲镶或包边镶来完成。过去人们常常采用粘镶法将其“镶嵌”，因此法只是用专业胶将宝石粘在金属托架上，往往牢度不够。目前，人们喜欢改用打孔镶工艺，其牢固程度就高多了。

通常根据镶嵌需要，对珠状或近似珠状宝石或珍珠可以采用打半孔或打通孔两种不同的加工方式。

（1）打半孔镶嵌工艺

一般来说，戒指、手镯、项链等首饰托架上的珠状宝石或珍珠多是打半孔，孔口与深度要与首饰托架上的金属针相配合，如图2—39所示。镶嵌时，在金属针上涂抹专用胶黏剂，首饰托架的针插入宝石孔后要准确定位，尽量使宝石与托架完全吻合。特别应注意的是，已经粘好的宝石，欲将其卸下来是很困难的事情，而且很容易引起宝石的损坏。

图2—39　耳环（美国设计师　Munya Avigail Upin）

（2）打通孔镶嵌工艺

根据设计需要，如果耳坠或坠饰上的珠状宝石打了通孔，就可以不用胶黏剂连接。此时，首饰托架上的针应该比较长，要能穿出宝石，并冒出一节。镶嵌时，在穿孔的金属针顶端先穿上一片垫片，再用工具将金属顶端敲平滑，挤压牢垫片，不让它滑出，就镶住了宝石，如图2—40所示。同样，还可以按照不同的需要，选择“紧镶”，使宝石不转动；或者选择“松镶”，使宝石可以自由转动。

图2—40　项链（法国设计师　George Fouquet）

4. 绕镶工艺

绕镶是用金属丝将宝石缠绕起来的镶嵌方法。绕镶常常用于珠形或随意形宝石的镶嵌。有些艺术首饰和流行首饰也采用这种方法，为的是追求特殊的艺术效果，如图2—41所示。

图2—41　手镯（美国设计师　Patty L.Cokus）

技能要求

案例1——爪镶工艺的首饰分析

分析图2—42和图2—43首饰工艺和风格。

图2—42　胸针

图2—43　卡地亚项链、耳饰

操作步骤

步骤1　根据顾客的年龄，分析审美倾向

顾客对象为35岁左右的女性，她们佩戴首饰主要是与服饰搭配，以提升个人的魅力。简单而独具个性风格的首饰是她们的首选。

步骤2　分析首饰中宝石的镶嵌工艺

这两款首饰在宝石与金属的结合上都使用了爪镶工艺，因为都是刻面的小颗粒宝石，采用爪镶工艺，宝石被覆盖面积比较小，能够让宝石的光线充分地被折射。图2—42中胸针的边针设计比较别致，别针弯曲后和新月形非常地统一，甚是完美。

步骤3　分析首饰的风格

图2—42中两款新月形的胸针在设计上简洁而不失典雅，红、蓝宝石与贵重金属结合，突显了宝石这一主体，新月的几何造型非常适合职场女性的干练，而彩色宝石的应用增加了她们的女人味。图2—43中的项饰和耳饰，让职场女性在干练中透露出女性特有的精致。

案例2——打孔镶嵌工艺的首饰分析

分析图2—44和图2—45首饰工艺和风格。

图2—44　耳饰

图2—45　胸针（法国设计师　Wagne-）

操作步骤

步骤1　根据顾客的年龄，分析审美倾向

顾客对象为40岁左右的成熟女性，这类人群给我们展示的是一种知性美，她们佩戴首饰主要是为了个人魅力的提升。典雅而高贵的设计风格的首饰是她们的首选，在材料的选择上，偏向于黄金等贵重金属材料的首饰。

步骤2　分析首饰中宝石的镶嵌工艺

这两款首饰在宝石与金属的结合上都使用了打孔镶嵌工艺，不同之处在于图2—44所示耳饰采用的是打通孔镶嵌，可见设计师在设计时的巧妙处理：在青金石的顶部打通孔镶嵌，并设计一个半圆形以遮盖。这样，镶嵌既牢固，又不影响美观。图2—45中，珍珠在镶嵌时大多采用打半孔镶嵌，而这两款胸针也正是如此，珍珠的圆形看似是从黄金浇铸的自然形中孕育并成长，如果这两款胸针采用打通孔镶嵌则很难达到这种效果。

步骤3　分析首饰的风格

图2—44所示耳饰在设计上简洁大方，两种材料在色彩的应用上非常地到位，青金石与黄金的颜色形成强烈的对比，颜色饱满而统一。图2—45所示胸针则雍荣华丽，浇铸的自然形与珍珠的圆形形成对比，黄色与珍珠白的结合，非常地和谐统一。所以，这几款首饰无论从设计风格上，还是材质的选择上，都非常适合这个年龄层次的女性。

案例3——多种镶嵌工艺的首饰

分析图2—46首饰工艺和风格。

图2—46　项饰（法国设计师　Mauboussin）

操作步骤

步骤1　根据顾客的情况，分析审美倾向

顾客对象为45岁左右的女性，这类人群佩戴首饰的一个重要目的是收藏。考虑到保值和升值的功能，她们偏爱贵重金属和贵重宝石。

步骤2　分析首饰中宝玉石的镶嵌工艺

这款项饰的工艺制作相当考究，坠饰主体的大块祖母绿采用包镶与爪镶的结合，这样既能保证祖母绿的牢固，又不影响祖母绿的美观。坠饰中间12颗祖母绿因为有大有小，相应的黄色爪镶的排列也较随意，非常具有装饰性。这件首饰的材质和加工工艺，柜当符合东方人的审美品味，这款首饰非常适合于收藏这一目的。

步骤3　分析首饰的风格

这款项饰采用大量大小不等的祖母绿、钻石与黄金，整个作品采用对称式的装饰纹样设计，明显是装饰艺术风格的典型特征，而作品中祖母绿特有的装饰性的纹样，则是受到了东方文化的影响。

思考题

1. 简述首饰特种金属工艺中珠粒工艺的加工要领。
2. 简述首饰特种金属工艺中阳极氧化工艺的加工要领。
3. 简述各种常用宝石的晶系。
4. 简述各种宝石的品种与基本鉴定方法。
5. 简述各种镶嵌工艺。

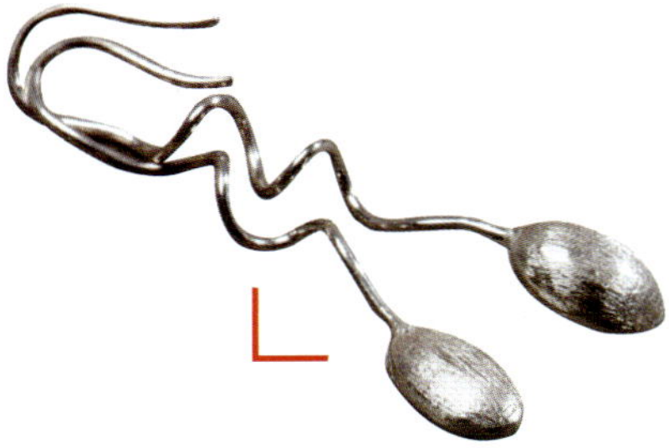

第三章　创意表现

第1节　设计方案的确立

学习单元1　针对个性化需求制订设计方案

学习目标

1. 了解个性化首饰
2. 掌握个性化首饰的设计方法
3. 能够设计个性化首饰

知识要求

1. 个性化需求

走进商场，琳琅满目的珠宝首饰立刻映入眼帘，钻石、黄金、铂金、纯银、翡翠、美玉等材质种类繁多，可供选择的款式也非常丰富。但是仔细挑选下来，会发现各个柜台里的大部分商品都是大同小异，类似的款式无法满足人们对个性首饰的需求。近些年，中青年消费群是珠宝首饰的主要购买力，这一类消费者非常重视“创意”“个性”，他们除了关注珠宝首饰的贵重性，也把首饰是否具有个性化设计、是否具有强烈的视觉效果等作为选择首饰的考虑因素，有时甚至超过对首饰材料是否贵重的关注。

2. 个性化首饰设计方法

从现在的市场需求来看，个性化的要求会越来越被关注，个性化的定制也会成为未来的发展趋势。定制服务需要根据每个客户的具体情况，综合客户的外貌、气质、性格、喜好和职业、需求等各种因素，做出为其量身定做的设计。针对不同的客户，个性化首饰的设计方法也不相同。

（1）设计定位

首先根据客户的年龄、职业进行设计定位，也就是设计的准备工作。不同的年龄具有不同的生活阅历，不同的职业有着不同的文化背景，所以在设计之前一定要先了解清楚设计对象的综合情况，充分调查研究，协调各个因素，使得各个方面都能达到平衡的状态。在资料整理分析的基础上，结合客户的综合背景而得出个性化首饰的功能、材料、造型、尺度、制作工艺等设计目标和方向，这就是最初的设计定位。

（2）设计主题

有了设计定位之后，就如同航行有了坐标。接下来就是寻找设计主题，即设计师如何用个性化的首饰来突出客户的不同之处——个性。在了解了客户的年龄、职业之后，只是粗略有了设计的定位和轮廓，还需要深入了解客户的气质、喜好、性格、经历以及个人需求等信息来细化设计特征。综合全面因素，确定设计主题，使首饰的个性化凸显出来。

（3）设计表达

有了设计主题，也就是有了设计的理念，但还需把抽象的理念转化为具象的形态。这就需要利用在前面章节中所提到的素材收集、图案写生等基础行为，把所要表达的理念和文化通过草图、效果图的方式充实丰满地表达出来。同时，造型材料工艺也是个性化的重要表现因素，造型的不同、材料的选择以及工艺的使用都会影响到首饰的最后呈现，表现出风格迥异的个性化首饰。

（4）设计展现

设计展现即根据确定下来的方案和效果图最终制作出实物。比如设计师黄巍巍为25～35岁的青年白领女性而设计的一套“生命”系列个性化首饰，其设计主题是种子：一颗种子从土壤里孕育出来，离不开阳光、雨露的浇灌，但更需要它拥有不断冲破土壤的信心、毅力和勇气，这样才能呼吸到新的空气，感知到新的世界，以此表达此年龄段的青年女性对生命的理解。设计师以这个主题设计了草图，主要运用自然形态，以点、线、面为构图方法，表现出简洁大方的设计特点，如图3—1所示。画好草图后，再选用银、珍珠、马来玉作为材料，通过镂空、锻造、焊接、锉磨、抛光等工序完成了吊坠、胸针、耳环的制作，如图3—2～图3—6所示。

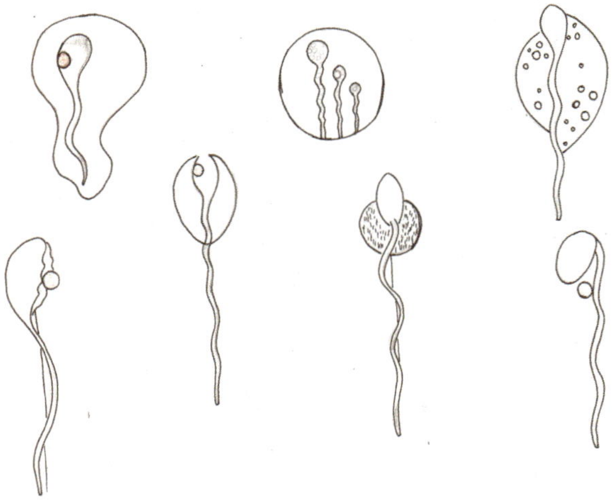

图3—1　“生命”系列首饰作品草图（设计师　黄巍巍）

图3—2　“生命”吊坠1

图3—3　“生命”吊坠2

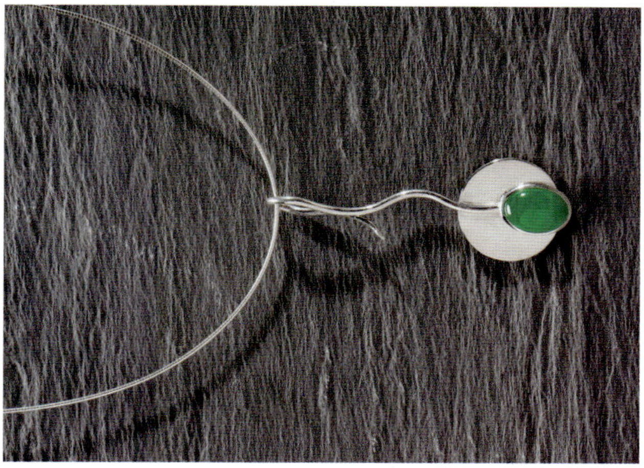

图3—4　“生命”吊坠3

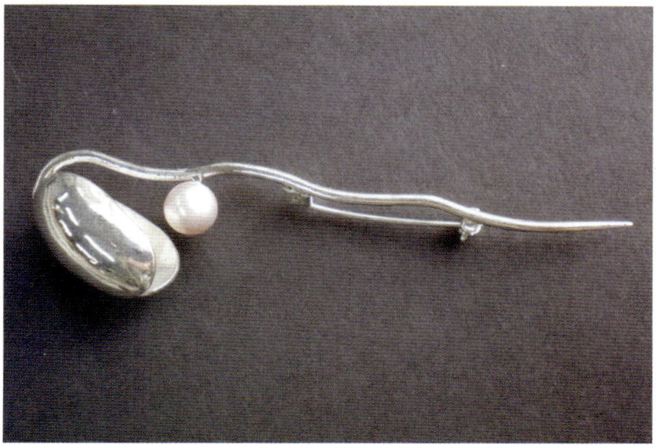

图3—5　“生命”胸针

图3—6　“生命”耳环

3. 纪念性首饰

自有人类那天起，就有了对美的向往与追求，于是就有了首饰艺术的不断发展和需求。结婚戒指就是一种传统意义上的纪念性首饰，它代表着两个人的结合，传统的婚戒以象征性功能为主体，而它本身的艺术性则处于次要地位。纪念性首饰作为现代首饰的一种表现形式，纪念某个人或某件事，并把这种情感加以物化，对复杂关系进行简单的描绘，承载着人与人之间的友情、爱情和亲情等。

纪念性首饰比其他类型的首饰包含了更为细腻的情感，而且在某些方面也更为复杂、深邃，因此能够清晰地传达出设计师的设计理念，并且让观赏者和佩戴者参与其中，真正地了解作品背后动人的故事。项链、胸针、耳饰、指环都是纪念性首饰的表现载体，宝石和其他元素（如头发、鲜花、照片等能代表个人的物品）象征着某些人或某些经历，可以用这些独特的象征性符号来抓住一段记忆，纪念某个人或生命中的某件事，表达设计师的情感并给予佩戴者力量。

Whitney Abrams设计的纪念性首饰以客户和他们生命中的重要事件为灵感，例如他的一件纪念性首饰“表达悼念的可旋转戒指”（见图3—7）的设计诱因是弟弟的遇难对他生活的影响。珠宝首饰提供了一个表达失去亲人的悲痛的方法，Whitney Abrams选择用一件特殊的含有弟弟头发的饰品来表达对兄弟的怀念，这是诉说情感的过程，也是表达思念的一种方式。设计师把这种悲伤物化为一件首饰作品。

图3—7　表达悼念的可旋转戒指（美国设计师　Whitney Abrams）

技能要求

确定个性化首饰设计方案

对于首饰设计师来说，设计什么样的首饰，怎样设计首饰，首先要考虑佩戴首饰的对象，首饰最终是为佩戴者服务。每一个人都有自己的特征、性格和价值观、生活方式，要针对不同的人、不同的需求定制个性化的设计方案。所以了解佩戴对象成为确定首饰设计方案的前提。在本单元的学习中，将按照客户的年龄层次分别制订设计方案，有针对性地分别对20岁、35岁、45岁、60岁这四个年龄阶段的男性或者女性客户进行了解分析，然后确定设计方案。

案例1——盛夏

操作步骤

步骤1　确定目标客户

年龄：20～25岁。

性别：女性。

职业：学生（研究生一年级）。

步骤2　客户访谈

设计师：能概括一下你的性格吗？

客户：我的性格嘛，独立有主见，稍倔强，性格直爽，经常真诚表露自我，爱憎分明。

设计师：谈谈你喜欢的首饰特点吧。

客户：我喜欢的首饰，要求材料与形式相匹配，艺术感强，有独特个性，风格张扬但要与实用相兼顾。最好有一定说法在里面，而非只是玩表面概念。

设计师：我要给你做一套首饰，如果请你自己给作品命名，会是怎样的？

客户：想命的名太多了……我挺喜欢夏天的，我就命名为“盛夏”吧！

设计师：首饰里需要哪些你想要的元素？

客户：具象但不要太具体，有一种含蓄美，比如夏天的花草，但要有花非花的感觉。

步骤3　分析客户特征，确定设计主题

通过设计师和客户的访谈，可以发现20多岁的年轻女学生活泼可爱，这个年龄段的女生既有孩童般的调皮也有对未来的憧憬，想法总是很多而且多变，她们受过良好的教育，喜欢有情趣的生活，是时代的领先者，追求与众不同。所以根据这样的客户特点，活泼而富有朝气、热情但又有些羞涩的夏天成为设计主题。

步骤4　草图绘制及制订设计方案

根据客户的爱好，吻合“盛夏”的主题，把荷作为创作元素，既有夏天季节的象征，又有一丝清凉的感觉。但也不太具象于荷，达到了对方“具象但不要太具体”的含蓄美的要求，如图3—8所示。

图3—8　“盛夏”系列首饰设计草图（绘制　吴二强）

步骤5　制作工艺及材料选择

选择银、紫铜、黄铜三色材料，进行材料的切割与锻打。把锻打出的基本型进行折叠并焊接在一起，在材质色彩与造型上达到了丰富的效果。将珍珠固定在花心柱上，使花有了视觉中心，起到点睛的作用，如图3—9所示。

图3—9　“盛夏”系列首饰（设计师　吴二强）

案例2——灵

操作步骤

步骤1　确定目标客户

年龄：30～40岁。

性别：女性。

阶层：白领。

步骤2　分析客户特征，确定设计主题

35岁左右的白领女性，思想成熟，做事干练，处在家庭、事业齐头并进的状态，但来自工作的压力和繁杂的家庭事务，使其需要有独处、娱乐的时间以放松身心。

步骤3　草图绘制及制订设计方案

设计师根据客户的身份特征和性格特征设计了可以在外出参加活动时佩戴的个性化耳环，如图3—10所示。耳环部件采用了完全不对称外形，细节复杂而变化多端，选用色彩相同、形状相异的宝石以增添耳环的整体感、平衡性和趣味性，意在反映这个年纪的白领女性在事业和家庭两方面驾驭、处理问题的能力和平衡生活的能力。

图3—10　个性化耳环设计草图（绘制　李桑）

案例3——龙

操作步骤

步骤1　确定目标客户

年龄：30～40岁。

性别：男性。

步骤2　分析客户特征，确定设计主题

随着社会和事业的发展，越来越多的男士开始讲究生活的品质，首饰也逐渐走进男士的视野，他们对首饰的要求不会比女性低，反而会要求首饰更加优雅和精致，能够体现出他们的性格、气质、修养和身份。30～40岁的男性正处于事业的拼搏时期，他们面临社会的压力、家庭的责任和事业的成败，但是这些特质既是压力又是动力，他们积极进取，挑战人生，显现出个体的独特气质和魅力。所以“成熟、有气概、有文化底蕴”成为设计师对这一类人群的设计定位。

步骤3　制订设计方案

设计师选用了中国传统纹饰“龙”的图案作为设计这个年龄段的男性首饰的方案，因为“龙”象征了身份地位，体现了吉祥安泰的寓意。设计师首先从中国瓷器、玉饰、木雕等传统纹饰里寻找图案灵感。

步骤4　选择合适工艺、材料

选用925银作为金属材料，运用锯、锉、焊、磨、抛光等工艺技术完成了“龙”的吊坠作品，如图3—11所示。

图3—11　“龙”吊坠（设计师　黄巍巍）

案例4——曳·白

操作步骤

步骤1　确定目标客户

年龄：40～50岁。

性别：女性。

职业：演员。

步骤2 分析客户特征，确定设计主题

设计师为自己喜爱的明星张曼玉设计了一款首饰。步入中年的张曼玉不但不见岁月蚀人，反而更加在平淡自然中彰显雍容华贵，她以东方的素静神韵和西方的明艳光彩，征服了世界各地的影迷。为一个公众人物设计饰品有利有弊，利是指其容貌、品性都比较清晰，很有特点，不需过多的揣摩，弊是指其形象气质已在公众心中固定化，因此所设计的首饰一定要贴合其气质内涵。

可以将对象的气质、感觉浓缩成几个词汇，这样有助于更快速、准确地确定设计主题和方向。设计师以“优雅”“娴静”来形容张曼玉的气质，这也成为最初对设计主题的基本定位。

步骤3 草图绘制及制订设计方案

在基本定位好设计的主题方向后，就要着手搜集相关的素材并将这些原始的素材做初步的整理。素材可以从设计师平时积累的速写、图片等中发掘，也可以根据设计的主题有针对性地联想、寻找，在此过程中，从身边看似寻常的事物中发现美、寻求设计灵感十分重要。

张曼玉在电影《花样年华》中着旗袍的妩媚背影令很多人印象深刻，这让设计师联想到西湖的拂柳，随风飘浮，摇曳生姿，不张扬浮华却别有韵味，这与张曼玉给人的感觉很贴合。由此设计师大量搜集相关的素材（见图3—12）并进行初步的整理筛选，将这些素材与首饰相结合，发挥想象力延伸变化，绘制草稿。在这一过程中不要局限自己的思维，要开放大胆，力求抓住一切闪现在脑海中的灵感火花并将其及时地记录在速写本上。

在绘制了大量图稿后，要从中筛选出最终的设计稿（见图3—13）。需要注意的是，最终的定稿不一定是非此即彼的舍弃，可以是多个设计方案取长补短的糅合，只要这一过程始终忠诚于设计的主题方向。此外，也要考虑到具体的制作流程和实际佩戴的功能性等问题。

本系列首饰为吊坠和耳坠组合（耳坠的制作工序与吊坠大同小异），在佩戴时摇曳生姿，十分贴切地展现了女性的柔媚优雅，配以珍珠的内敛光泽，整款设计既有东方传统的神韵，又不失时尚别致，设计师认为这些都与张曼玉的气质内涵相呼应。

图3—12　素材图片“西湖拂柳”

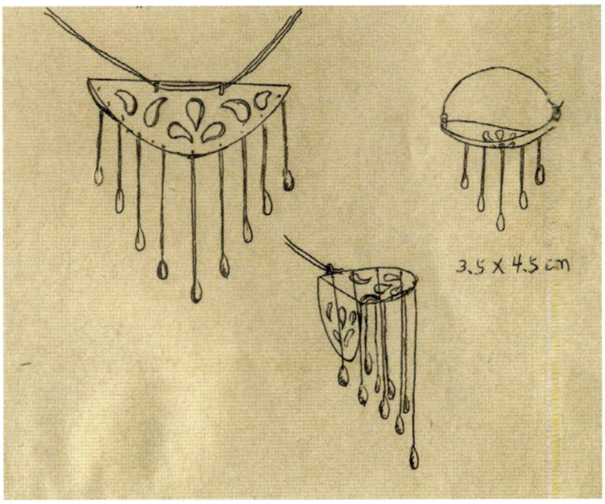

图3—13　设计图稿（设计师　张妮）

学习单元2　艺术首饰设计

学习目标

1. 了解艺术首饰的概念
2. 了解创新思维的思考方式
3. 掌握艺术首饰设计方法
4. 能够灵活运用首饰设计中的创新思维

知识要求

1. 艺术首饰的概念

艺术首饰的概念已经在很大程度上突破了传统的对于首饰的理解。艺术首饰注重的是艺术性及思想性，而不是功能性或实用性。艺术首饰常常被称为“可佩戴的雕塑、绘画或建筑”，往往与“概念性首饰”同义。

2. 创新思维

创新思维在设计过程中扮演了重要角色，是设计师把一些零散的刺激感官的元素收集、整理、分析的秩序化行为。艺术首饰设计中的创新思维从宏观、整体和系统的角度去进行设计和创造，这是一个从发现到思考、联想，再到实践、实施的思维过程。这是设计师所必需的一个思考能力，单一的思维很难应对复杂的设计要求，只有综合的多角度多方面的思维才能满足。所以设计师在生活中就要时刻关注、随时发现可以刺激灵感的元素，不断开发创新思维方式，创造独特的设计思路。

创新思维是突破传统模式，需要打破惯性思维的一种思维方式。创新思维综合了形象思维、抽象思维、发散思维、逆向思维等多种形式的思维。创新能力的培养是设计教育的重点，也是设计能力的根本和核心。在设计中的创新思维要求不断在旧的理念中进步，发现新的理念，要超越过去，同时还要与其他看似不相关的要素相融合，通过各种方式和方法最大化地整合创造新的理念。

3. 形象思维

形象思维是以事物的具体形象为主要内容的思维形式。形象包括了自然界已经存在的自然形象和经过艺术化加工处理的艺术形象。创新思维中的形象思维不是简单地还原出事物的外形，而是通过观察、思考、整理、选择后重新组合出新的内容。

如图3—14所示，设计师通过形象思维巧妙地把珍珠和金属材料结合在一起，异形珍珠的外形好似两个叶片，所以设计师把金属材料也锻造成自由生长的叶片形态，这样就可以和不规则的珍珠自然地衔接上。

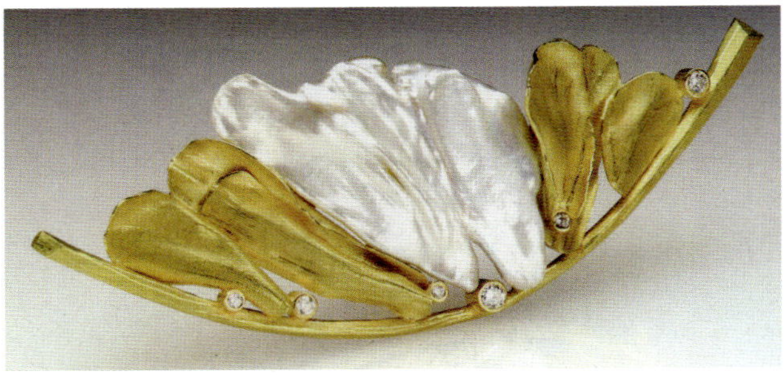

图3—14 胸针（德国设计师 Barbara Heinrich）

4. 抽象思维

抽象思维就是先对事物进行直观观察再进行抽象概括，形成新的概念和结论。设计师可以利用抽象思维归纳出已有事物的共性，再以演绎的方式扩大创造出新的形象。

生活中偶然遇到的一些细节，比如扭曲的枯树叶、弯折的纸条，都可以经过抽象思维而成为一件生动的首饰作品，如图3—15所示。

图3—15 “彩带”系列（美国设计师 Michael Good）

5. 发散思维

发散思维是指思维可以从多个方向和角度去思考。发散思维也可以说是一种头脑风暴，允许设计师从各个方面、各个角度，天马行空、海阔天空地去疯狂思考，几乎无所限制，这样可以帮助设计师更加灵活、开阔、变通地提出多种设想。

需要注意的是，发散思维可以帮助设计师打开思路，但是也需要在无限制的思考以后回归到重点，把所有的设想都凝聚到一个焦点。

如图3—16所示，通过发散思维，把花朵的各个元素置换成各种各样看似毫不相关的物品，形状、颜色、材质可以无限制地选择，但是在整体上它们又是一致的、协调的。

图3—16 胸针系列（美国设计师 Lisa&Scott Cylinder）

6. 逆向思维

逆向思维是相对于顺向思维而言的。在进行设计时，如果一条道路走不通了，也许反其道而行之，可能会遇到一片全新的天空，令人豁然开朗，茅塞顿开。逆向思维有时就是把复杂的问题简单化，具体的问题抽象化，几个问题浓缩成一个问题，从相反或者相对的角度思考问题和解决问题。例如，首饰不一定带来的就是清晰和明亮，设计师也可以利用材质的特性，模仿光影的模糊感觉，造成错觉感。

技能要求

以创新思维设计艺术首饰

以下将以案例的形式对艺术首饰的创新思维进行分析。在对案例进行分析的时候应该关注在艺术首饰的创作中创新思维的运用，如何展开想象，克服思维定式，培养思维的流畅性、变通性和独特性。

案例1——“梅兰竹菊”系列饰品

操作步骤

步骤1　观察和分析

这组饰品是设计师为出生在20世纪50年代的女性设计的。在进行设计的初始阶段，需要敏锐的观察力去观察和分析所要设计的对象，抓住对象的主要特征和重点。设计对象出生在20世纪50年代，所谓“时势造英雄”，正是她们出生的年代造就了她们的性格品质：虚心、高洁、不屈、坚忍不拔。因为受中国传统文化的影响比较深，她们偏爱有寓意或内涵的饰品。在首饰风格上，古典或传统风格是她们的上乘之选；在颜色上，饱满而沉稳的色彩是她们的选择。她们佩戴首饰除了增添个人魅力，还有一个目的是收藏。

步骤2　展开联想，尝试制作

在对设计对象进行观察和分析，确定了设计对象的喜好、性格和用途之后，在设计师的心中已经有了初步构想。接下来就可以充分展开想象力，发挥出所有的奇思妙想，收集身边相关联的尽可能多的事物，从中受到启发，引出一连串的构想。设计师从设计对象的女性性格特征联想到在中国人的植物世界里常被称为“四君子”的梅兰竹菊。设计师最先用金属来制作梅兰竹菊，但效果不尽如人意，因为金属的质感无法传达出四君子的气韵，而且还略显生硬。经过多次的尝试，设计师最终选用了中国画的形式来表现梅兰竹菊，并且打破了思维的定式，没有直接用画纸来表现主题，而是大胆地采用透光的菲林片来表达中国画式的梅兰竹菊。现代的材料和传统的题材相结合，不但突显了四君子的气韵，还带来了一种全新的审美感受，如图3—17、3—18所示。

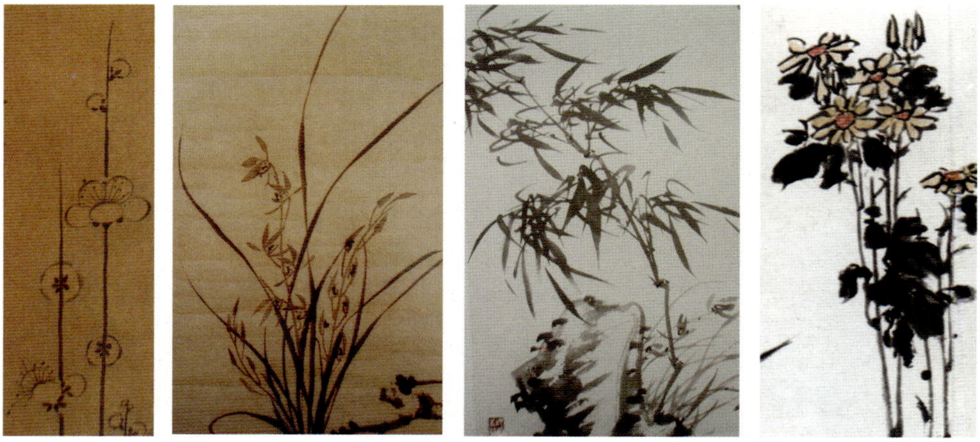

图3—17　梅兰竹菊写意（绘制　袁文娟）

图3—18　金属质感的梅兰竹菊（设计师　袁文娟）

这一系列作品以梅兰竹菊为元素，饰以银质中国传统的花窗（见图3—19、3—20）。花窗是作品的另外一个组成部分，设计师选择了用银材料来表现。花窗的样式上一要突显四君子的特征，二要考虑制作工艺上能否实现。花窗经过打磨抛光后非常亮，与菲林的

“梅兰竹菊”形成了一亮一暗的对比、前景与后景的关系，这样不仅增添了那个年代女性特有的淡雅之气，还突显了她们的高洁、虚心、不屈不挠的品质，作品的空间感也得以表现出来。

图3—19　江南园林中的花窗

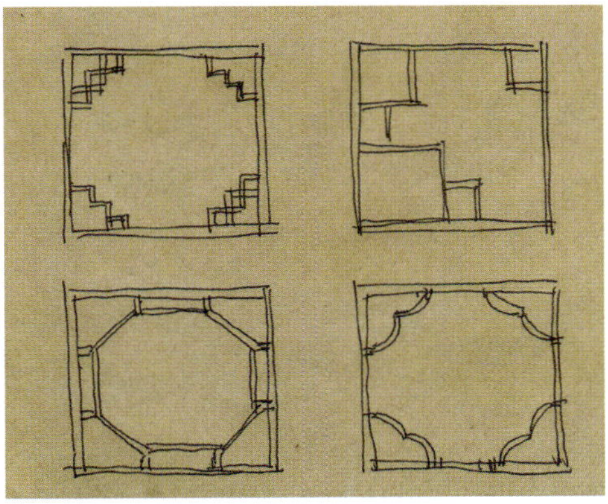

图3—20　花窗的联想和草图绘制

步骤3　制作成品（见图3—21）

图3—21　最后成品（设计师　袁文娟）

案例2——“大城小爱” 戒指

操作步骤

步骤1　体验生活，观察分析

设计师的“大城小爱”创作来源于生活和对家园的情感。设计师原本以为自己早已习惯新西兰田园牧歌的生活，但当重新回到上海这座城市的怀抱时，发现了对她的无限依恋。当从高处俯视窗外的那刻，大脑空灵，心灵释放，找到了这片被人厌倦的钢筋水泥丛林的美丽之处，也找到了对她的爱。黄浦江两岸，高楼耸立，错落有致；马路平坦，纵横交错；灯火闪烁，五彩缤纷。

步骤2　运用创新思维展开想象，进行设计

设计师主要以简洁的几何图形作为设计元素，选用银为主要材料，突出上海城市的高雅，如图3—22所示。高高低低的方柱表示上海的高楼大厦和欢快的城市节奏，一条条平行的方线表示繁忙的马路，鲍鱼壳表示美丽的黄浦江，如图3—23所示。设计师在表达整个城市的托座时没有直接用地球的概念来表示，而是利用置换思维选择了半个鸡蛋壳，如图3—24所示。白色的蛋壳既表达出对上海这座美丽城市的热爱，也表达出设计师存有对这座迷人城市的自然环境和人文环境发展的一丝忧虑。这些隐藏在高楼大厦背后，不被人们看见的城市内部管理建设上的欠缺，如果不能引起人们的广泛重视、关注、参与，那么上海就像是一座建造在一个易碎的鸡蛋壳上的城市，她的根基是脆弱的，随时都有崩溃、倒塌的危险。

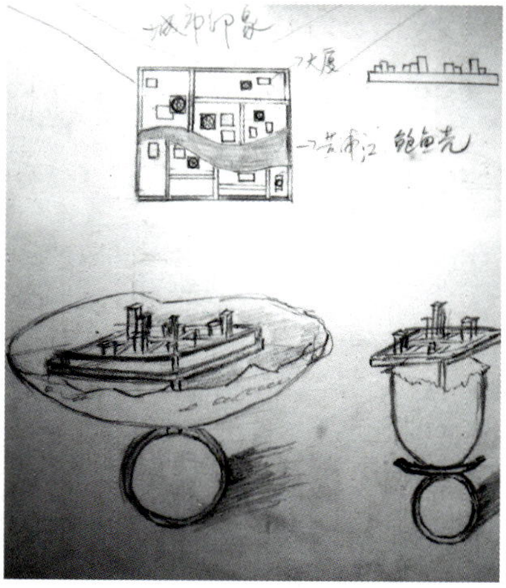

图3—22　草图绘制（设计师　黄巍巍）

图3—23　作品局部（设计师　黄巍巍）

图3—24　作品成品（设计师　黄巍巍）

案例3——“十字”项饰

操作步骤

步骤1　确定设计对象，观察设计对象的生活工作环境

“十字”是设计师为天主教的一位修女所设计的一款项饰。当站在天主教教堂（见图3—25）面前时，许多人都会被她的高大华丽所折服。

每个人对教堂的感觉都是不一样的，而最吸引设计师的则是教堂里那些穿透色彩斑斓的窗户舞动的光，如图3—26所示。沐浴在透过彩色玻璃窗洒在教堂里的光线中时，收敛心神，过滤掉心中的繁杂，沉静心灵，感受来自天国的神圣力量。

图3—25　教堂（摄影　许嘉樱）

图3—26　教堂里的光（摄影　许嘉樱）

步骤2　针对设计对象的特征，发散思维，确定设计主题

设计师想赋予首饰一种光，光亮处是普通的，但到了暗处却会发光，让它显得比较特殊，与众不同，所以采用了夜光。首饰的外形打破传统平面的十字架，使其立体起来，与其说是一件饰品，倒不如说更像是一个建筑。同时也减弱十字架的直观感觉，而是通过斜面镂空来传达十字的意思，暗处发光时它才会显示一个真正的完整的十字。从这款首饰的设计可以看出设计师采用了发散思维和逆向思维，大部分为修女或者其他神职人员设计的首饰都会采用十字架的元素，这一件也不例外，但是设计师并没有直白地制作出十字架，而是从相反的方向去发散思考，尽可能不让人们一眼就看出十字，只有在特定的条件下才能看到隐隐发光的十字，如图3—27所示。

图3—27　“十字”项饰成品（设计师　许嘉樱）

第2节　手工绘制设计图

学习单元1　水粉、水彩、彩铅的表现技法

学习目标

1．了解色彩基本常识

2．熟悉水粉、水彩、彩铅的色彩调配规律

3．掌握首饰效果图中水粉、水彩、彩铅的风格化表现技法

技能要求

水粉、水彩、彩铅的表现技法

通过本技能训练，要求掌握从草图到线描稿的提炼，并从画法步骤上加以熟练运用。学会色彩在效果图画法中的概括表现，努力在线造型与色彩上达到和谐，训练草图的一次性成形的能力，训练色彩笔触表现的准确、洗练、干净的特点。

案例1——设计图“知秋”（设计师　吴二强）

操作步骤

步骤1　铅笔起稿，力求准确表达预想的造型（见图3—28）。

图3—28　“知秋”项饰绘制步骤1

步骤2　黑色水笔勾线，要求线条准确老练，减少笔误（见图3—29）。

图3—29　“知秋”项饰绘制步骤2

步骤3　用橡皮擦去铅笔线，检查造型细节的遗漏（见图3—30）。

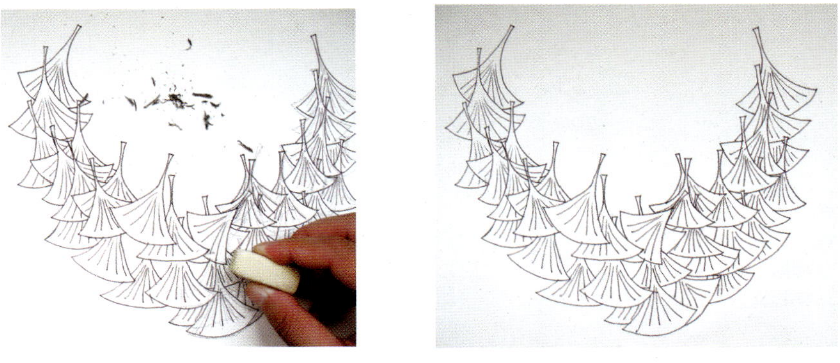

图3—30　“知秋”项饰绘制步骤3

步骤4 水粉、水彩或水溶彩铅描绘，注意色彩基调的正确（见图3—31）。

图3—31　“知秋”项饰绘制步骤4

步骤5　毛笔润色，控制好水分（见图3—32）。

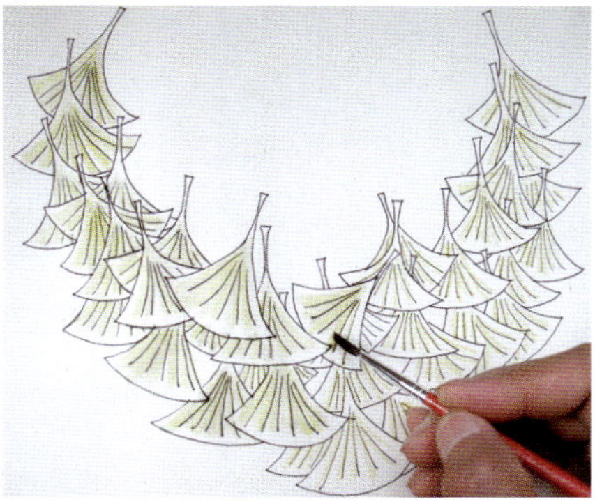

图3—32　“知秋”项饰绘制步骤5

步骤6　灰色彩铅画出投影，注意光源与投影的一致（见图3—33）。

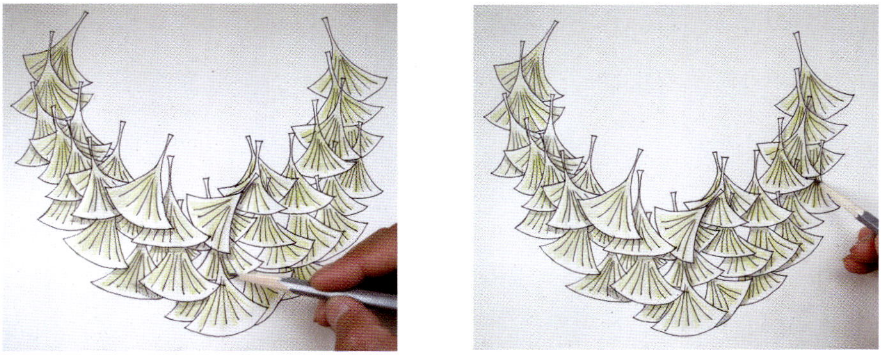

图3—33　“知秋”项饰绘制步骤6

步骤7　毛笔润色投影，表现立体效果（见图3—34）。

图3—34 “知秋”项饰绘制步骤7

步骤8 整体效果调整完成，注明文字信息（见图3—35）。

图3—35 “知秋”项饰草图绘制完成

案例2——设计图“突破”（设计师 吴二强）

操作步骤

步骤1 黑色彩铅描绘，需遵循素描的基本规律（见图3—36）。

图3—36　“突破”项饰绘制步骤1

步骤2　彩铅描绘，在色彩中表现明暗、光源、质感等因素（见图3—37）。

图3—37　“突破”项饰绘制步骤2

步骤3　毛笔润色，控制好水分及色彩关系（见图3—38）。

图3—38 “突破”项饰绘制步骤3

步骤4 整体效果调整，注明基本文字信息（见图3—39）。

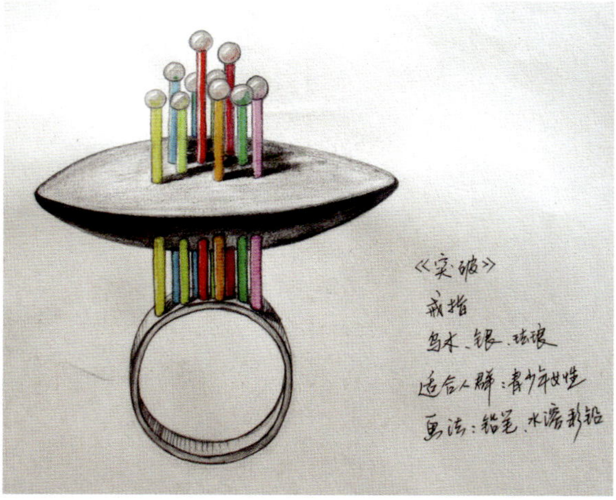

图3—39 “突破”项饰绘制步骤4

学习单元2 新型绘图材料的表现技法

学习目标

了解新型材料及非传统首饰材料的质感特征与视觉肌理特点，并能准确表达

知识要求

各种首饰新材料具有不同的质感，如不锈钢具有高度光洁、强烈反射的表面，各种合金具有各种颜色会变化的表面，合成树脂具有略微透明并亚光的视觉效果，化学纤维材料具有透明或不透明的各种塑料质感，人工合成板材具有充满颗粒感的质感特征。

作为设计师，还要熟悉首饰表面的视觉肌理特点（如粗犷、细腻、艺术纹路、高仿真等），推敲首饰作品上新型绘画材料的表现方法与表现语言（如做锈、阳极氧化处理、电镀、珐琅、堆漆等效果），重点是将首饰设计造型与新型材料的视觉肌理表达效果融为一体，达到新颖的视觉效果。

技能要求

新型绘图材料的表现技法

在绘画中注重肌理与色彩的刻画，训练厚薄结合的画法，根据新材料的许多未知特性主动开拓新技法，不断丰富新的表现语言，是本技能要求的学习关键。

案例1——木质材料着色的效果表现（见图3—40）

操作步骤

步骤1　在牛皮纸上用水笔勾勒设计造型（镯圈为银，装饰部分为木），并做适当的木纹与素描光影效果表现。

步骤2　借助牛皮纸的特性，用不同色相的色粉或彩铅在木片部分以干画法表现木质效果，注意色彩与亮灰度的统一。

步骤3　以白色色粉或彩铅提亮受光效果，以灰黑色表现背光，然后进一步与色彩相糅合，营造木纹质感。

步骤4　调整整体效果，并注明基本文字信息。

图3—40　“时尚的简约”戒指、手镯设计表现（设计师　吴二强）

案例2——银丝卷丝处理（见图3—41）

操作步骤

步骤1　在冷色调的纸张上用水笔勾勒设计造型（银丝蜷曲焊接在戒圈、项圈、镯圈上），注意银丝整体素描光影效果表现。

步骤2　用灰色彩铅借助蓝纸表现银丝质感，注意避免灰脏乱现象。

步骤3　用白色彩铅提亮受光部分，以灰黑色表现背光，并做一定的色彩糅合，营造银丝质感。

步骤4　调整整体效果，并注明基本文字信息。

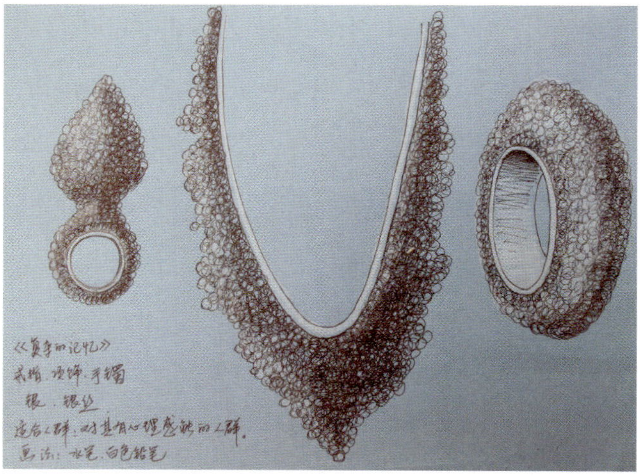

图3—41　“复杂的记忆”戒指、手镯设计表现（设计师　吴二强）

案例3——绘制水晶玻璃戒指效果图，表现玻璃材料的反光质感

操作步骤

步骤1 用铅笔起稿，描绘好首饰的外形轮廓，用单色先简单区分出明暗关系，如图3—42所示。

步骤2 用彩色铅笔比较轻淡地铺一层底色，区分出不同材质（金属、玻璃）的色彩关系，如图3—43所示。

图3—42 铅笔起稿

图3—43 铺底色

步骤3 细致加深色彩，描绘细节，增添玻璃材质的反光，如图3—44所示。

步骤4 进行细节修饰，增加各种材料的层次感，如图3—45所示。

图3—44 细致加深色彩，描绘细节

图3—45 进行细节修饰

学习单元3　首饰造型的剖面图画法

学习目标

1. 了解首饰剖面图的目的，即方便制作者按图准备材料，并交代内部结构细节，根据剖面图读懂首饰结构，并寻找相应的加工制作工艺，在剖面图中材质也可以交代得更明确

2. 掌握剖面图画法，与色彩效果结合进行设计表现

技能要求

绘制首饰造型的剖面图

绘制首饰造型的剖面图前，应分析判断首饰的整体造型，包括结构、严格的首饰作品尺寸比例（精确到毫米甚至微米），并准确绘制及标示出详细的尺寸。

剖面图需要绘制出内部的材料质感，明确合理的剖切节点和具有代表性的剖切位置。

由于首饰剖面图画法在实际需要上不具普遍性，而且在理解和制作工艺方面不如三视图那么普及，故本节可参考三视图画法部分学习。

案例——绘制“静谧”男戒的剖面图（见图3—46）

步骤1　按照设计主题画出设计立体草图，包括戒托、宝石及装饰部分。

步骤2　分析首饰的整体造型，找准最能全面反映首饰造型的合理剖切位置，画出剖切轮廓、内部细节以及银质戒托与蓝宝石的依托关系。

步骤3　进行色彩的平面表现，可根据材质特征表现相应的质感。

步骤4　调整整体效果，并注明基本文字信息。

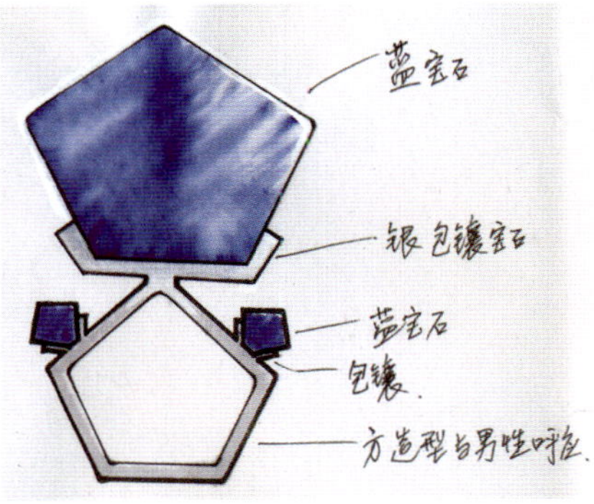

图3—46 “静谧”戒指剖面图（设计师 吴二强）

学习单元4 背景渲染画法

学习目标

1. 熟悉绘画艺术语言作为背景在首饰效果图中的衬托作用，将丰富的联想与主体设计相统一，同时做到主体与背景主次关系处理得当，使画面丰富统一

2. 能够根据不同的设计内容，用人物、花卉、风景等画法对首饰进行效果渲染

技能要求

背景渲染画法

背景色彩通常少于主体色彩，要拉开虚实关系，主次关系明确，概括表现与重点刻画相协调相统一。

案例——以人物为背景的珐琅效果手镯“恋爱的季节”（设计师 吴二强）

操作步骤

步骤1 按照设计主题画出线描图，包括人物造型、首饰部分，如图3—47所示。

步骤2 清晰准确地表现人物造型（省略五官特征），重点刻画首饰造型特征，如图3—48所示。

步骤3 用水彩进行色彩表现，表现首饰图形的珐琅色泽与质感，如图3—49所示。

步骤4 调整整体效果，并注明基本文字信息，如图3—50所示。

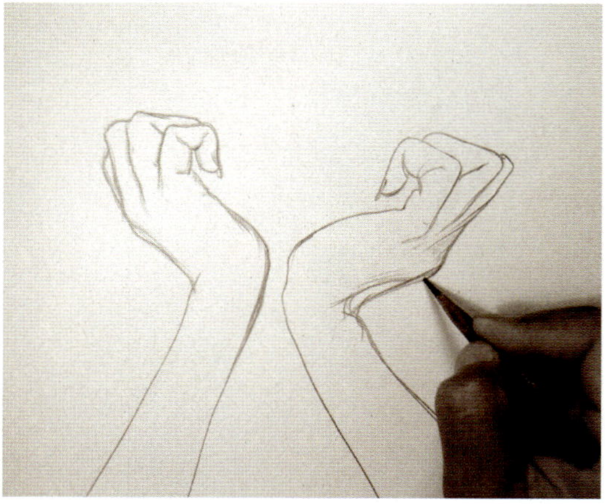

图3—47　佩戴首饰的手部线描图

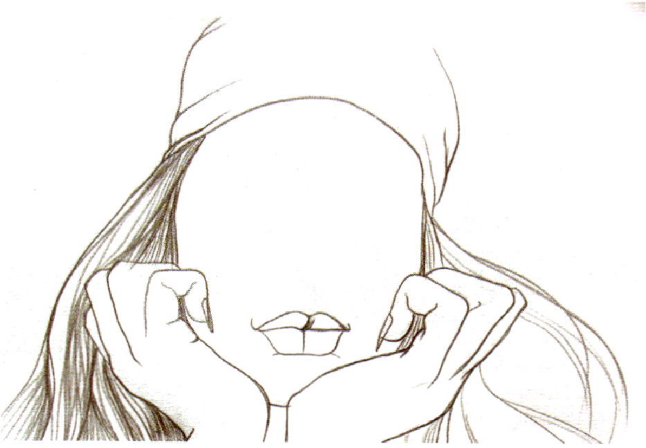

图3—48　人物面部线描图

图3—49　完整的首饰及人物线描图

图3—50　“恋爱的季节”手镯设计着色表现

第3节　计算机辅助绘制首饰设计图

学习单元1　运用JewelCAD软件制作手镯设计图

学习目标

掌握螺旋形手镯的效果图制作

知识要求

1. 学会运用螺旋命令绘制螺旋曲线并制作螺旋形的曲面

“螺旋”是用来制作螺旋曲线的命令。“螺旋曲线”对话框如图3—51所示，其中的命令及功能介绍如下：

（1）半径1：螺旋开始处的半径。

（2）半径2：螺旋结束处的半径。

（3）长度：螺旋的长度。

（4）回圈数目：螺旋旋转的数目。

（5）每圈CV数目：螺旋曲线每旋转一圈其上的控制点数。

（6）“顺时针”或“反时针”：螺旋曲线旋转的方向。

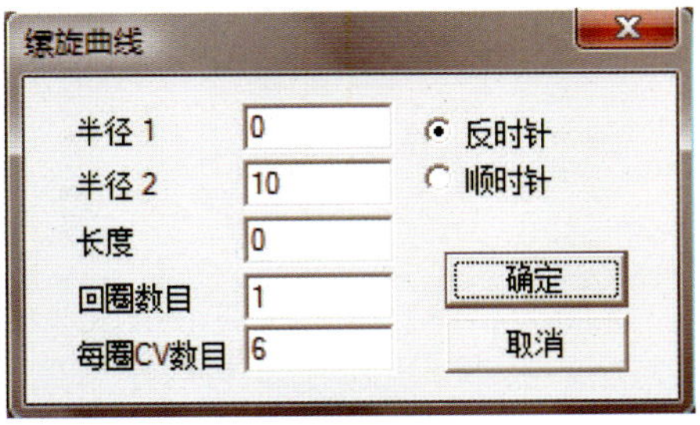

图3—51　“螺旋曲线”对话框

如图3—51所示设置好“螺旋曲线”对话框中的各项数值后，单击“确定”按钮完成操作，螺旋线的绘制效果如图3—52所示。

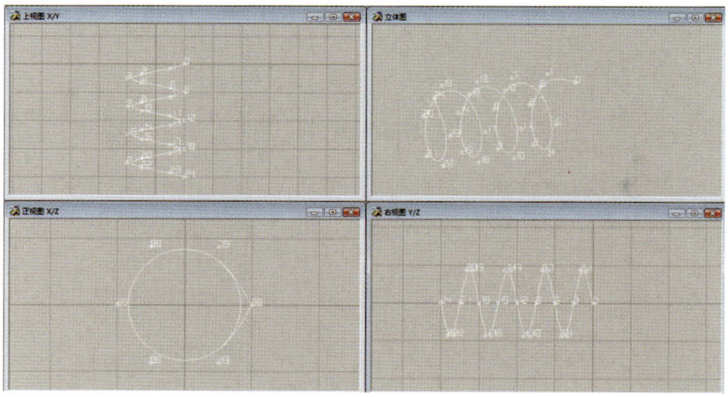

图3—52　螺旋曲线四视图

2. 掌握双导轨曲面的制作方法

“导轨曲面”命令是JewelCAD中非常重要的一个命令，也是应用最广泛的一个命令，大部分的曲面都可以通过这个命令来实现。这里先学习双导轨单切面曲面的制作方法。它的原理是一个切面沿着两条导轨扫成曲面。需要注意的是：两条导轨必须首尾点分别相交，而且两条导轨的控制点数必须数量一致且一一对应，点的排列顺序也要一样。

3. 能够熟练掌握调整物件大小、位置、方向等的方式

从JewelCAD资料库中调出的物件或者自动生成的物件往往在基本形态上不能够一步到位，需要做进一步的调整，这就需要熟练使用“基本变形”工具列中的“移动”“尺寸”和“旋转”命令，以及配合“检视”工具列中的不同视图，反复调整物件，直到达到最佳的状态。这三个命令通常都需要配合使用，并且都需要通过拖动鼠标来完成操作。

技能要求

手镯实例

此款手镯以白金和钻石为主要材料，造型上既简洁又不失点睛之笔。弯曲旋转的螺旋形手镯在树叶和钻石的点缀下，增添了几分节奏和韵律。白金和钻石制成的树叶精巧而又随意地散落于手镯间，好像蜻蜓点水，营造出初春的喜悦。在丰富设计的同时又要把握好手镯整体的风格。在制作的时候应当注意钻石采用的是爪镶的镶嵌方法。本实例的完成效果如图3—53所示。

图3—53　“初春”手镯（绘制　王琼）

本实例的制作分为三个步骤，这三个步骤分别制作完成之后的缩略图如图3—54所示。

图3—54　“初春”手镯分步骤缩略图

操作步骤

步骤1　制作螺旋形的导轨曲面

首先需要利用“螺旋”命令来制作一个螺旋形的导轨曲线，然后形成手镯的主体部分，具体制作步骤如下。

（1）制作一条螺旋曲线

1）制作螺旋形的导轨曲面，首先要制作一条螺旋曲线。将视图调整为正视图状态，单击“检视”菜单下“正视图”命令，或单击窗口中“检视”工具列中的“正视图”工具按钮，然后单击“曲线”菜单，选择“螺旋”命令，如图3—55所示。

2）选择此命令后，窗口中会弹出“螺旋曲线”对话框，如图3—56所示，将“半径1”和“半径2”都设置为“30”，“长度”设置为“20”，“回圈数目”设置为“2”，“每圈CV数目”设置为“6”，再选择“反时针”选项。设置好后单击“确定”按钮完成设置。

注意：对话框中的“长度”指的并不是螺旋曲线的总长度，而是从侧面看螺旋曲线的长度。当“反时针”命令被选中时，意味着所形成的螺旋曲线以反时针方向旋转，控制点也以反时针方向旋转排列。

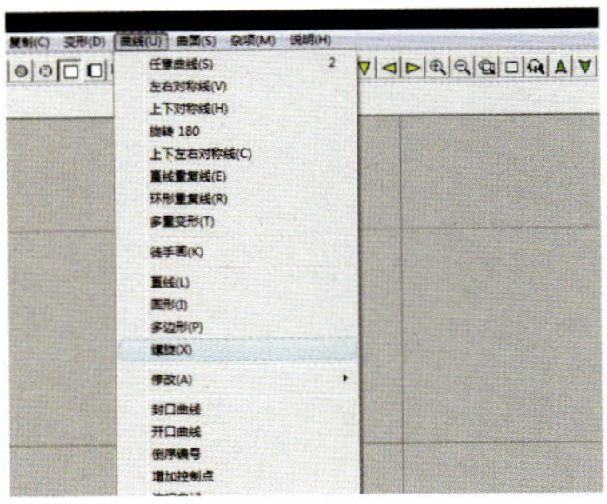

图3—55　选择“螺旋”命令

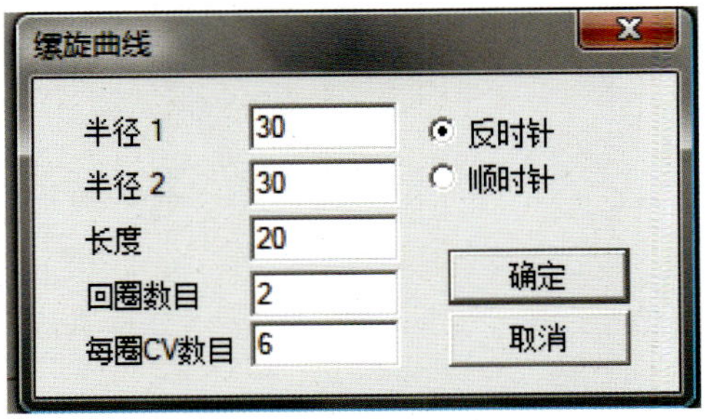

图3—56　设置“螺旋曲线”对话框

3）完成以上操作后，窗口中会出现螺旋曲线的正视图效果，如图3—57所示。

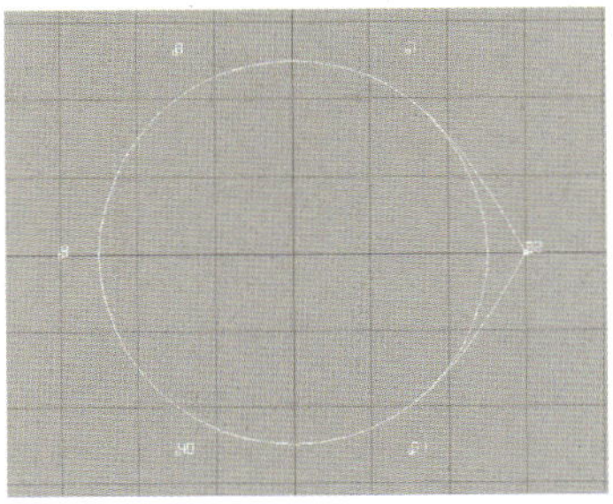

图3—57　螺旋曲线的正视图效果

（2）修改螺旋曲线

1）下面将螺旋曲线修改成所要形成的导轨曲面的一条导轨。将视图调整为右视图状态，单击窗口中“检视”工具列中的“右视图”工具按钮，则螺旋曲线如图3—58所示。单击“曲线”菜单，选择“修改”命令中的“任意曲线”子命令，如图3—59所示，然后在要修改的曲线处单击鼠标左键。

图3—58　螺旋曲线的右视图效果

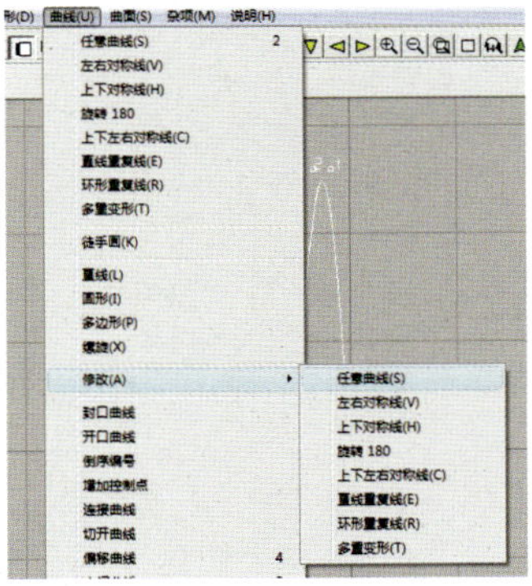

图3—59　选择“任意曲线”命令

2）完成上述命令后，要修改的螺旋曲线变成蓝色，则进入了编辑状态。这时可以通过移动曲线上的控制点来修改曲线的形状，还可以在曲线上单击鼠标左键来增加控制点，也可以同时单击鼠标左右键来删除控制点，最后将其修改成如图3—60所示的形状。

注意：设计师要运用双导轨来制作螺旋形手镯的主体部分，而修改的曲线是所要形成的导轨曲面的其中一条导轨，要考虑到另一条导轨的位置以及两条导轨的位置关系。

3）在右视图中修改好曲线的形状后，需要回到正视图中再检查一下曲线的形状。单击窗口中“检视”工具列中的“正视图”工具按钮，可以看到螺旋曲线的形状在正视图中如图3—61所示。

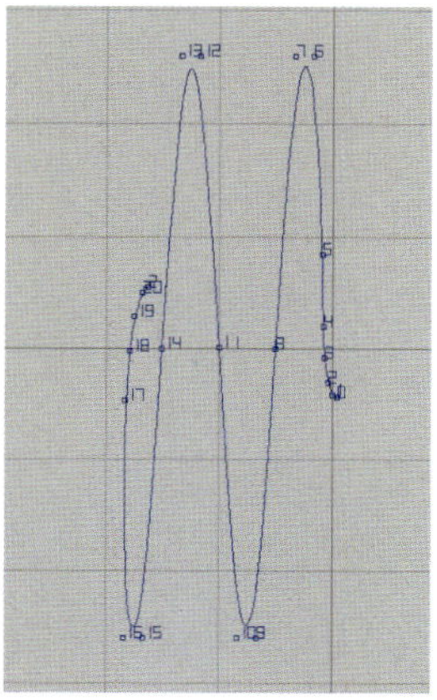

图3—60 修改后的螺旋曲线右视图

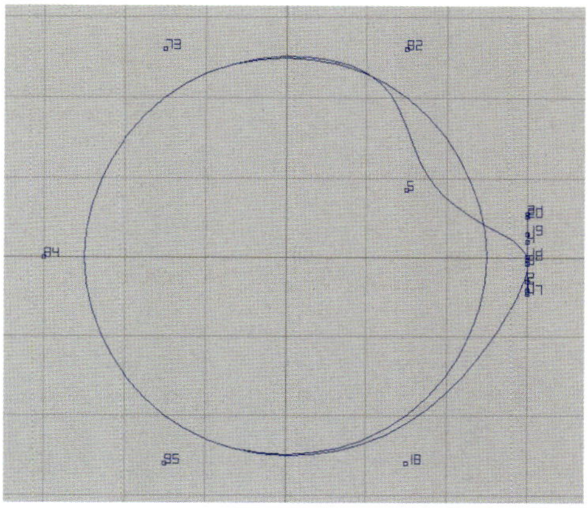

图3—61 修改后的螺旋曲线正视图

4）用同样的方法将曲线的控制点移动到相应的位置，使其在正视图中形成一个圆形，如图3—62所示。然后单击键盘上的空格键完成曲线的修改。

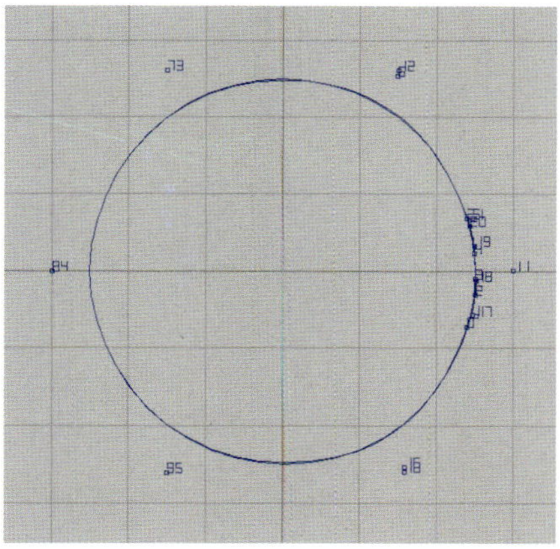

图3—62 螺旋曲线最终效果

（3）复制并修改螺旋曲线

1）复制前面已制作好的螺旋曲线，使其成为第二条导轨。首先确保被复制的螺旋曲线为选中状态，然后单击“复制”菜单，选择“直线复制”命令，如图3—63所示。

2）选择此命令后，弹出“直线延伸”对话框，将“延伸数目”选项设置为“2”，其他设置如图3—64所示。也可以按下鼠标左键，水平拖动一段距离，松开鼠标后则在对话框中显示出相应的数值。

注意：因为复制的曲线是导轨曲面的第二条导轨曲线，所以复制时要考虑到它与第一条导轨所形成的位置关系。

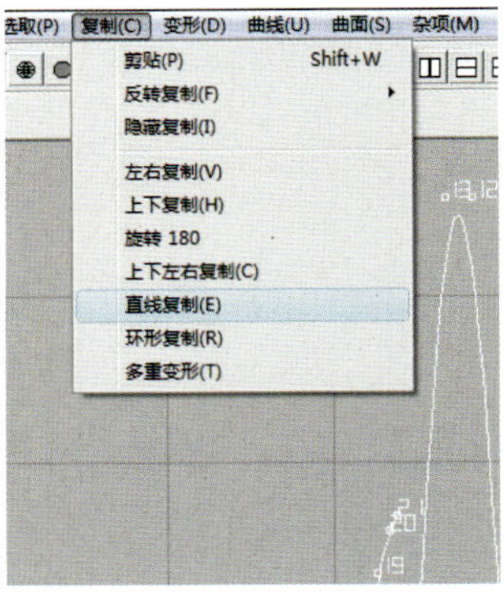

图3—63　“直线复制”命令

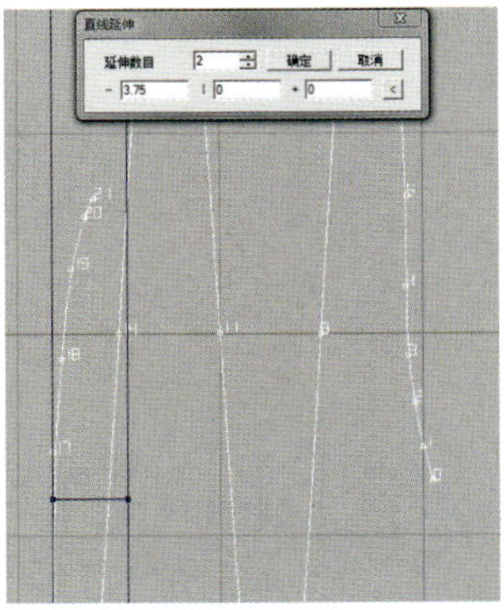

图3—64　“直线延伸”对话框

3）设置好后单击对话框中的“确定”按钮，则复制所得的螺旋曲线如图3—65所示。

4）将刚复制好的第二条曲线修改成所需要的第二条导轨曲线的形状。修改方法和前面修改第一条曲线的方法一样，可以单击窗口中“曲线”工具列中的“任意曲线”工具按钮，然后按住键盘上的Shift键，用鼠标左键单击要修改的第二条曲线，曲线变为蓝色即进入了修改状态，移动曲线上的控制点，将曲线修改成如图3—66所示的形状，然后单击键盘上的空格键完成操作。

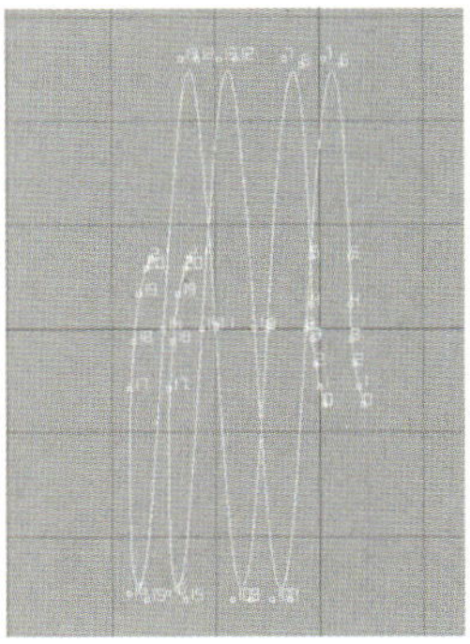
图3—65　复制后的两条螺旋曲线

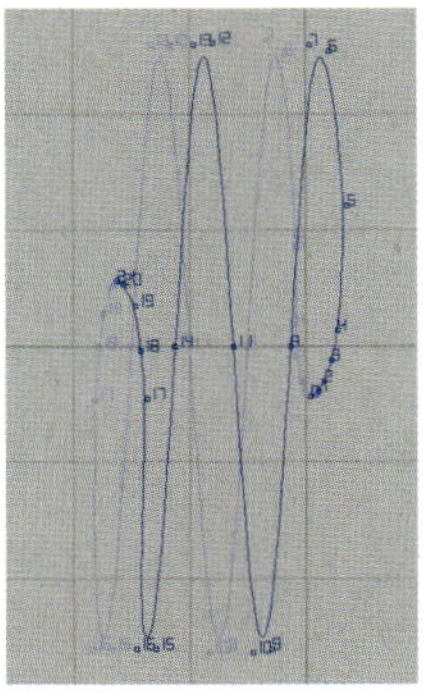
图3—66　修改后的新曲线

注意：此时修改的曲线为第二条导轨曲线，在制作导轨时要求两条导轨的控制点数和排列方向要一致，所以在修改这条曲线时不可以添加或删除控制点。同时0号点要与第一条导轨的0号点重合，最后一个控制点要与第一条导轨的末尾点重合。

（4）制作导轨曲面的切面

1）单击“曲线”菜单，选择“上下左右对称线”命令，如图3—67所示。

2）在视图中画出如图3—68所示的曲线，然后单击键盘上的空格键完成操作。

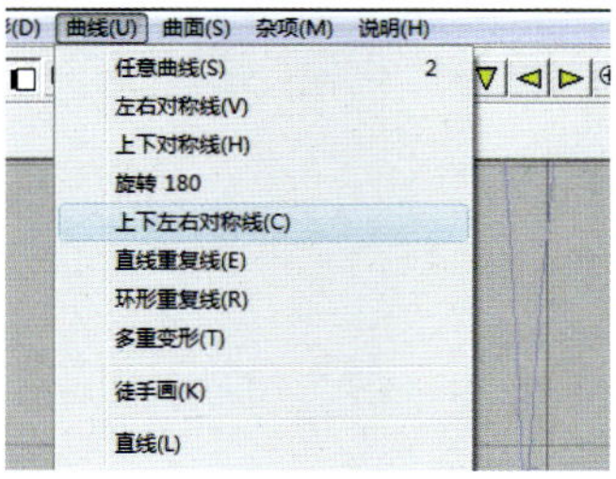

图3—67　“上下左右对称线”命令

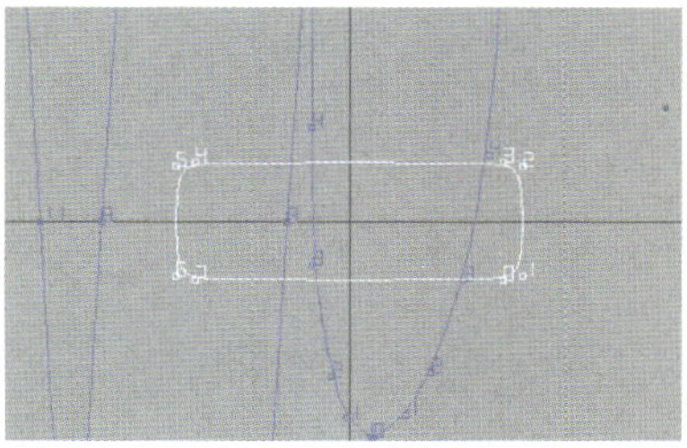

图3—68　切面曲线

注意：为避免手镯的棱角过于尖锐，在绘制切面曲线的时候四个角要圆润些，不要形成尖角，即在制作切面曲线过程中不要通过双击鼠标左键形成双点。

（5）制作导轨曲面

1）利用“双导轨曲面”命令制作出螺旋形的导轨曲面。单击“曲面”菜单，选择“导轨曲面”命令，如图3—69所示。选此命令后，窗口中弹出“导轨曲面”对话框，如图3—70所示。在导轨处选择“双导轨”中的“合比例”选项，“切面”处选择“单切面”选项，“切面量度”处选择第1列第1个按钮。设置好后单击对话框中的“确定”按钮，则JewelCAD进入导轨曲面的制作状态。

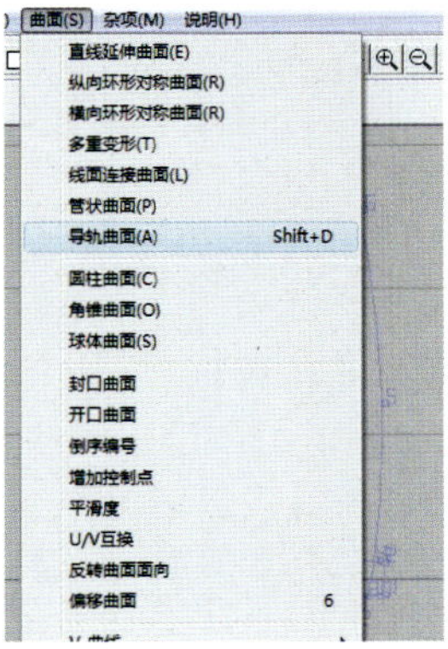

图3—69　“导轨曲面”命令

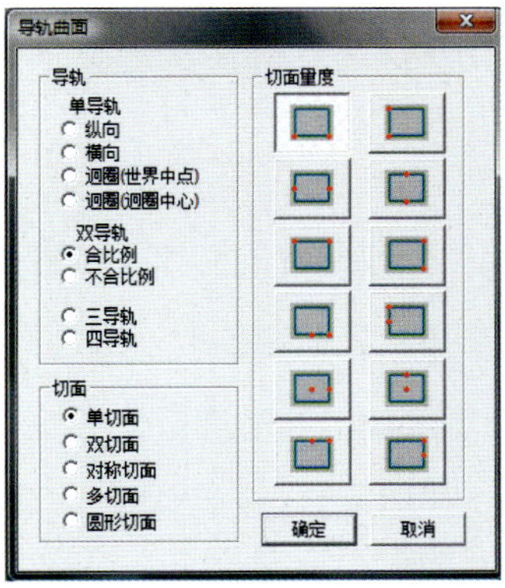

图3—70　“导轨曲面”对话框

2）进入导轨曲面的工作状态后，根据状态栏的提示，用鼠标左键依次单击视图中的第一条导轨和第二条导轨（即左边导轨和右边导轨），然后单击切面曲线，单击后的曲线呈现红色，如图3—71所示。

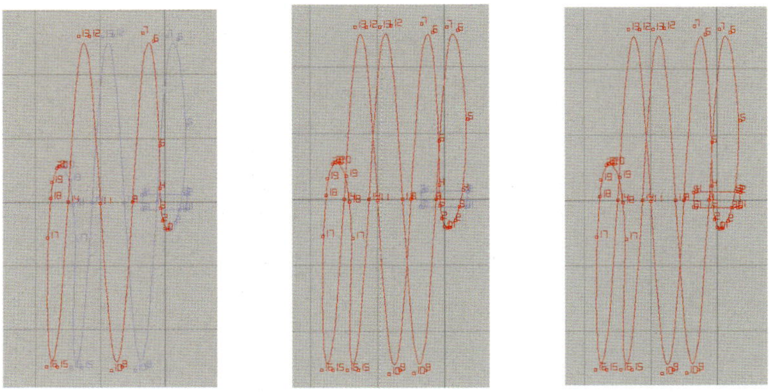

图3—71　导轨曲面的生成过程

3）执行完上述命令后，螺旋形的导轨曲面制作完成，如图3—72所示。单击窗口中“检视”工具列中的“光影图”工具按钮，按住键盘上的Tab键,单击鼠标左键并拖动鼠标，可以从各个角度观察物件，如图3—73所示。

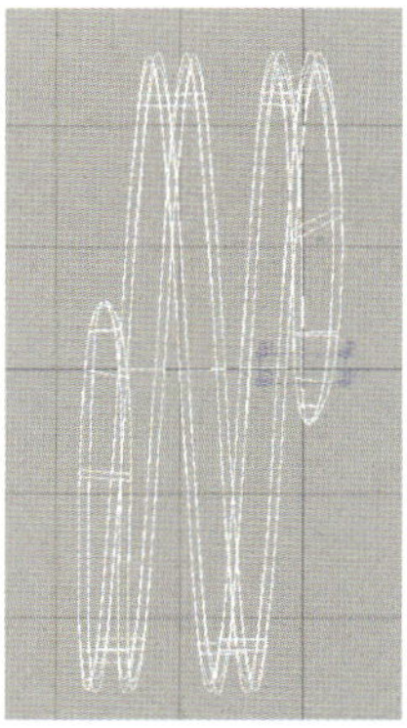

图3—72　螺旋形导轨曲面

图3—73　螺旋形导轨曲面光影图

步骤2　完成树叶的制作及位置排布

下面制作点缀手镯的树叶形曲面，并在手镯中合理安排其位置。

（1）制作树叶形曲面

1）为方便制作，首先将视图中的切面曲线选中，使用“基本变形”工具列中的“移动”工具按钮将其移动到视图的一边，如图3—74所示。

2）树叶形曲面有多种制作方法，可以通过绘制树叶形的导轨曲线和切面曲线并执行导轨曲面的命令来形成曲面。但为了提高工作效率，这里在资料库中寻找适合的形直接调用：单击“档案”菜单，选择“资料库”命令，如图3—75所示。

3）在弹出的“JewelCAD 资料库”对话框左边的列表中选择“Parts”选项中的“Parts1”子选项，在对话框右侧的缩略图中选择“Leaf3”选项，如图3—76所示。

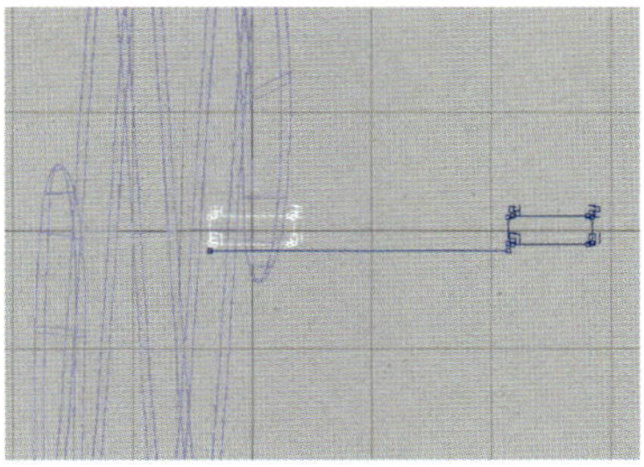

图3—74　移动多余曲线

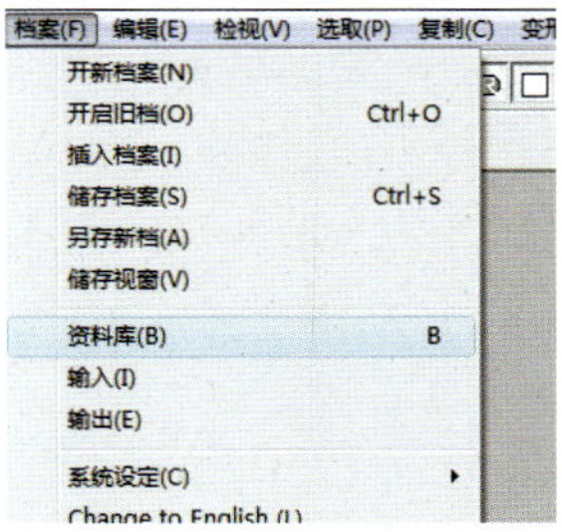

图3—75　“资料库”命令

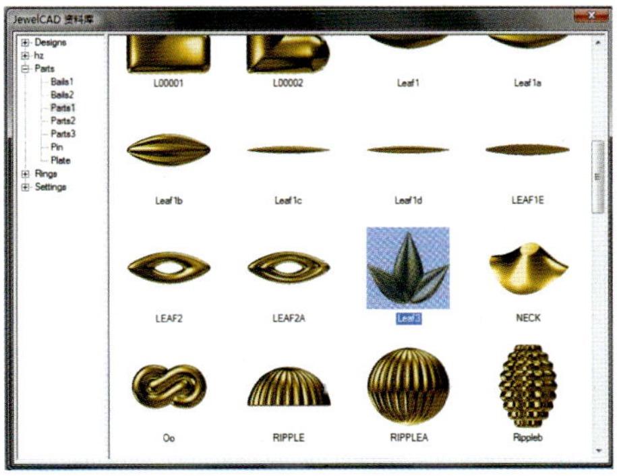

图3—76　“JewelCAD资料库”对话框

4）通过观察发现，在“右视图”中调出的树叶曲面是侧对设计师的，如图3—77所示，所以需要对其进行位置调整。确保只有调出的物件为选中状态，单击“变形”菜单，选择“反转”命令中的“反下”子命令，如图3—78所示，将树叶曲面向下旋转90°。

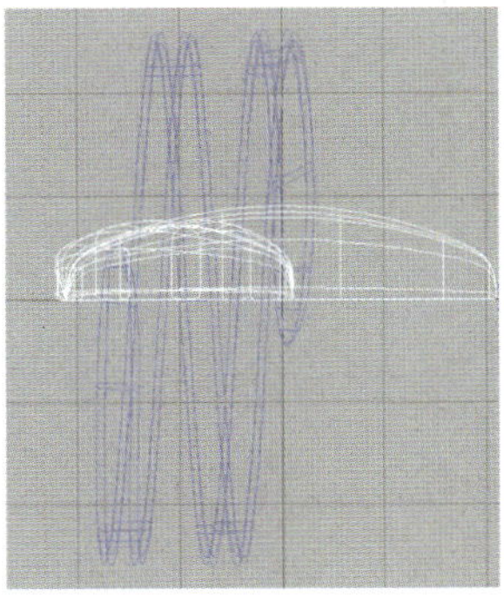

图3—77　树叶曲面右视图

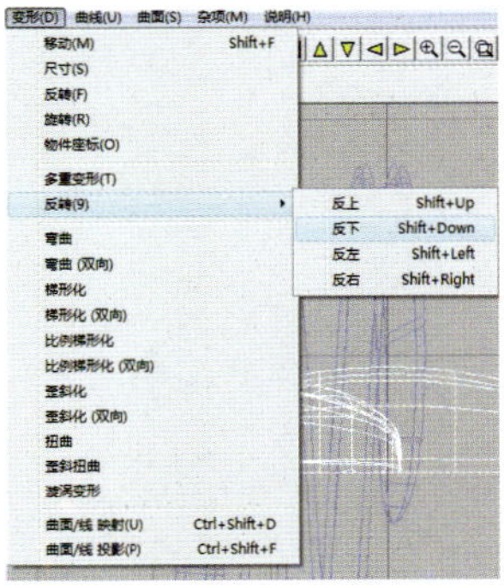

图3—78　选择“反下”命令

5）确保只有刚调出的树叶曲面为选中状态，然后单击“基本变形”工具列中的“尺寸”工具按钮，按下鼠标左键并拖动鼠标，将其大小调整为所需要的合适状态，如图3—79所示。通过配合使用“基本变形”工具列中的“移动”工具按钮和“旋转”工具按钮来调整物件的角度和位置，最终将树叶曲面调整到图3—80所示的状态。

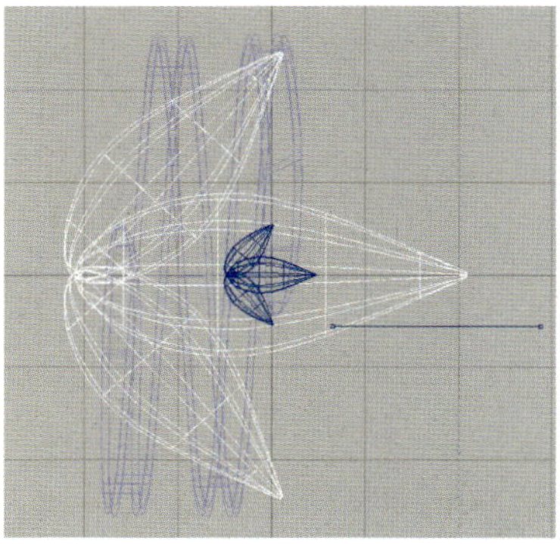

图3—79　调整树叶大小

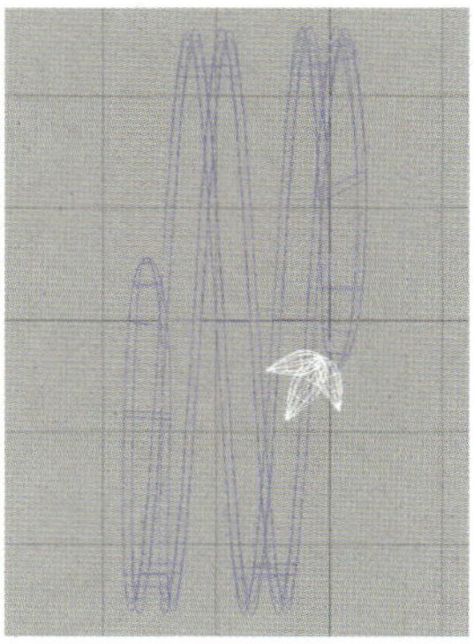

图3—80　调整树叶角度和位置

6）回到正视图中继续检查树叶曲面的位置，同样使用“旋转”命令和“移动”命令将树叶曲面调整到如图3—81所示的状态。

注意：在排列树叶曲面时要不断地在右视图和正视图中分别调整其位置和角度，确保树叶曲面和螺旋形手镯相衔接并与手镯的弧度保持一致。

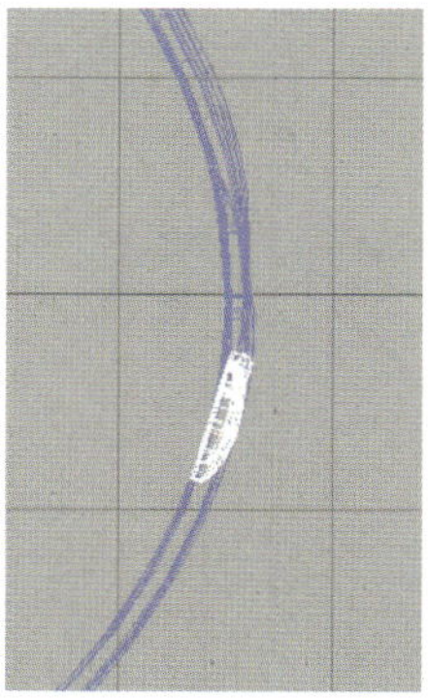

图3—81　正视图中调整后的树叶效果

（2）更换物件材料

1）在JewelCAD软件中，从资料库中调出的物件和自动生成的物件，其金属部分大部分都是黄金材料的，因此这里需要在材料库中将黄金材质替换成白色金属材质。

首先将视图中的全部物件选中，单击“编辑”菜单，选择“材料”命令，如图3—82所示。

2）执行完命令后，在弹出的“JewelCAD材料”对话框中选择编号为“GoldWhit”的白色金属材料，如图3—83所示。

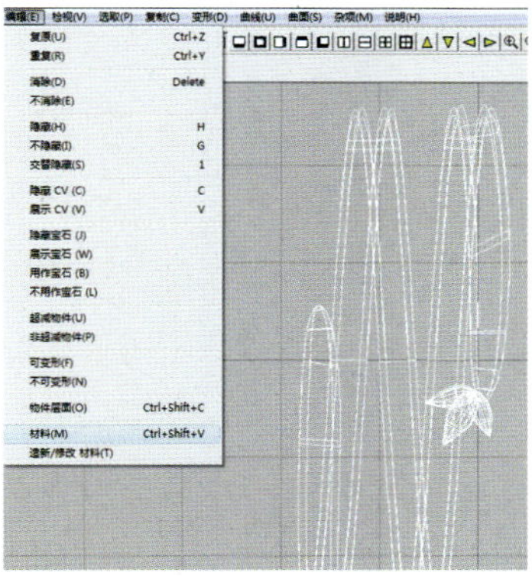

图3—82 “材料”命令

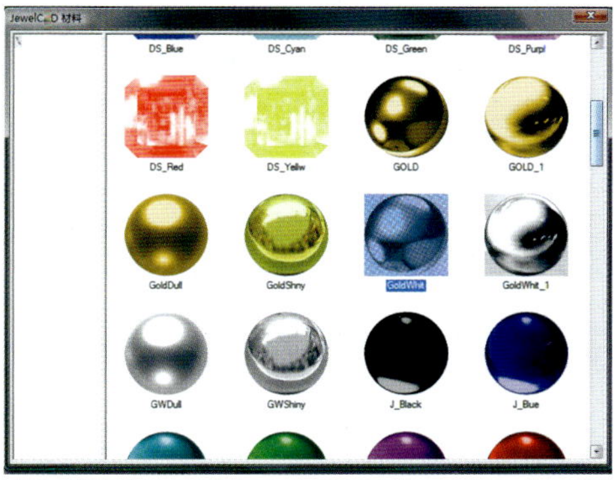

图3—83 选择“GoldWhit”

3）单击“检视”菜单，选择“光影图”命令，检查一下效果是否符合标准，其效果如图3—84所示。

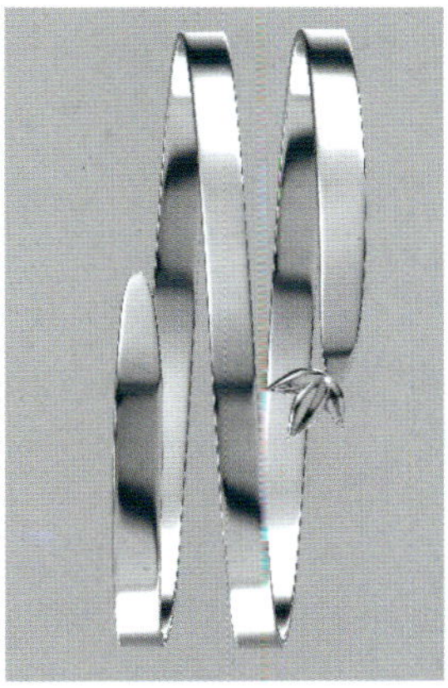

图3—84 光影图效果

（3）复制并调整所需的其他树叶形曲面

1）首先复制出所需要的树叶形物件的数目。只将要复制的一组树叶曲面选中，单击“复制”菜单，选择“直线复制”命令。

2）执行完命令后，在窗口中弹出“直线延伸”对话框，在对话框中能够设置需要复制的物件数目，在这里，先设置“延伸数目”为“4”，在窗口中按住鼠标左键并拖出一段距离，图3—85中的两条线即是拖动出来的两组树叶形物件的距离。这个距离会在对话框的下面一栏中显示出来。

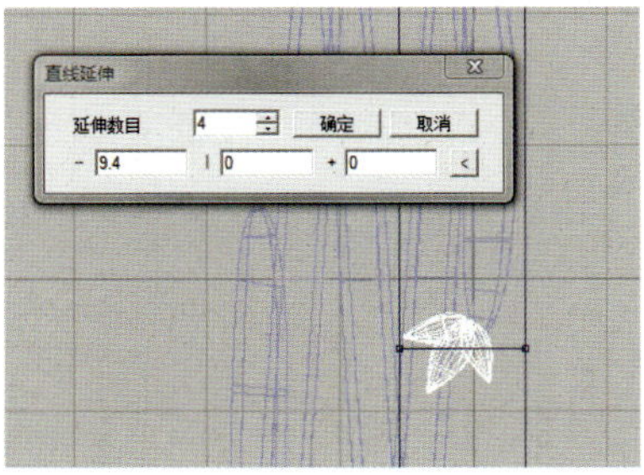

图3—85　设置“直线延伸”对话框

3）复制出来的效果如图3—86所示。

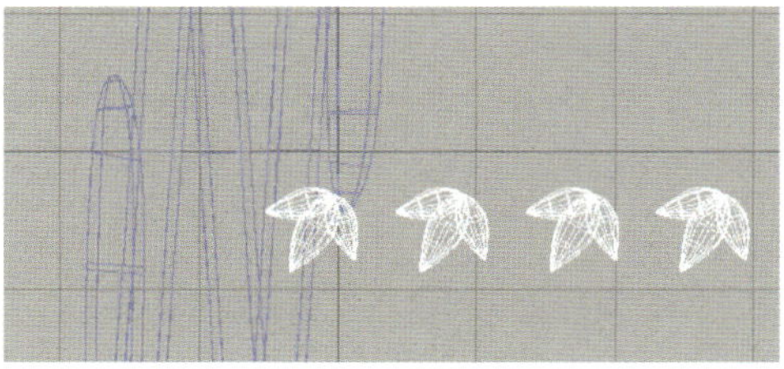

图3—86　复制后的树叶效果

4）依次选中所需的每一组或每一片树叶曲面，利用“变形”菜单下的“移动”“尺寸”和“旋转”命令调整树叶的位置、大小和方向，如图3—87、3—88所示，使其有节奏地散落在手镯的开口处，最后完成的效果如图3—89 所示。

5）将视图调整为“正视图”状态，同样运用“移动”工具和“旋转”工具将每一个叶片调整为如图3—90所示的状态，使树叶均沿手镯的弧度展开。

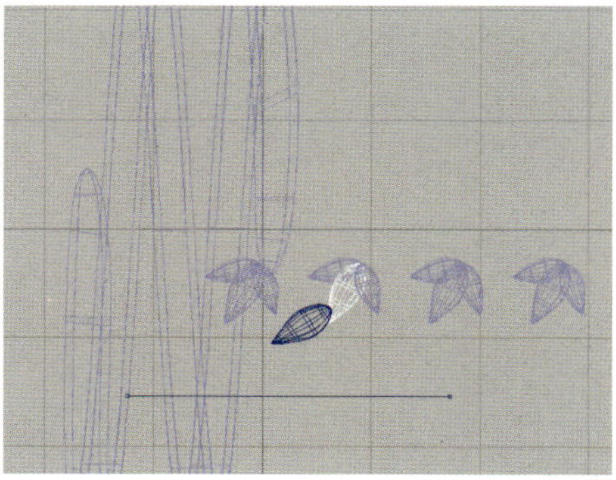

图3—87　调整树叶的位置、大小和方向1

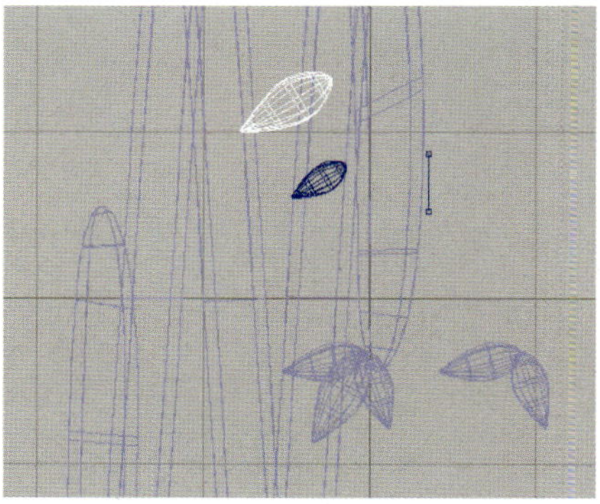

图3—88　调整树叶的位置、大小和方向2

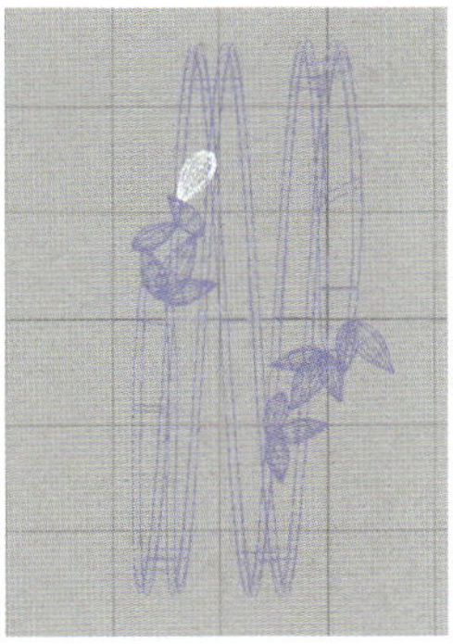

图3—89　最后完成的效果

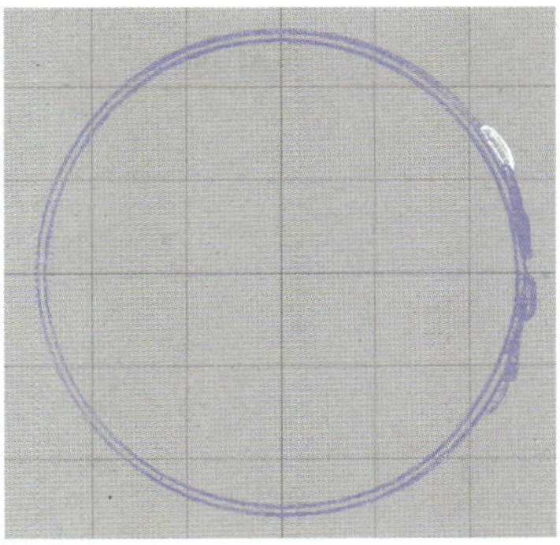

图3—90　正视图中的完成效果

6）通过在正视图和右视图中反复调整每一个树叶曲面的位置和方向，最终完成全部树叶曲面的制作，效果如图3—91所示。

图3—91　树叶由面的最终效果图

步骤3　镶嵌宝石

下面制作手镯的钻石及其镶口。

（1）制作叶形钻石

1）JewelCAD软件自身具备强大的资料库，资料库中包含常用的多种首饰配件。合理地利用JewelCAD的资料库可以大大提升作图的效率。下面就从资料库中调出所需的钻石物件，并加以合理利用。为了和树叶形的金属物件相匹配，需要寻找到适合的钻石形状。

2）单击“档案”菜单，选择“资料库”命令，在窗口中弹出“JewelCAD资料库“对话框。在对话框的左边列表中选择“Parts”选项，展开列表后，在这里选择“Bails2”选项，然后在窗口右侧的缩略图中选择编号为“BAIL014”的选项，如图3—92所示。

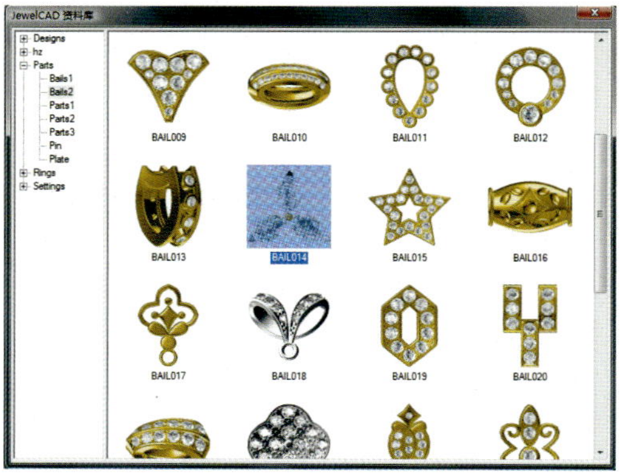

图3—92　选择“BAIL014”

3）执行完命令后，在窗口中间出现所选择的钻石物件侧面图。确保只有新调出的钻石物件为选中状态，单击“变形”菜单，选择“反转”命令中的“反下”子命令，使钻石物件在右视图中正面朝向设计师。

（2）制作钻石的镶口

1）首先将新调出的三颗钻石移动到视图的一边，以方便操作。然后选中其中的一颗以及一个镶口，单击窗口中“基本变形”工具列中的“移动”工具按钮，拖动鼠标左键，将钻石和镶口移动至视图的中心点，如图3—93所示。

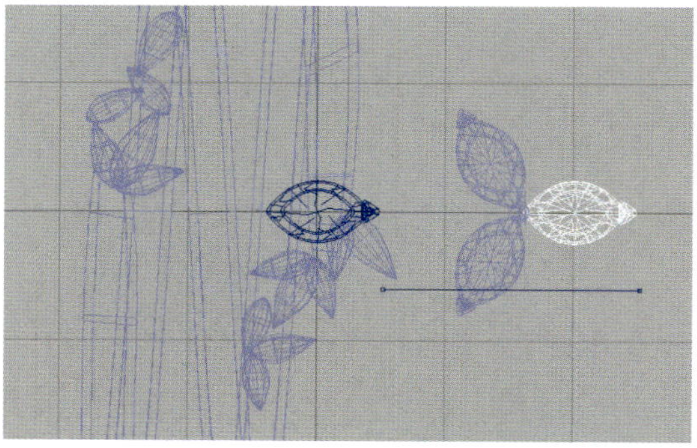

图3—93　移动选中的钻石

2）观察发现，只需给这颗钻石复制出另一半的镶口即可。在复制前先将布林体还原：单击“杂项”菜单，选择“布林体”命令下的“还原”子命令，如图3—94所示。

3）确保只有钻石右边的镶口为选中状态，如图3—95所示。单击窗口中“复制”工具列中的“左右复制”工具按钮，复制后的效果如图3—96所示。

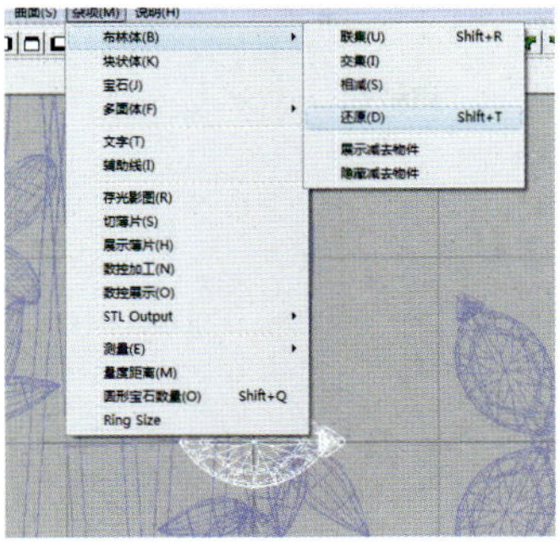

图3—94　“布林体”下的“还原”子命令

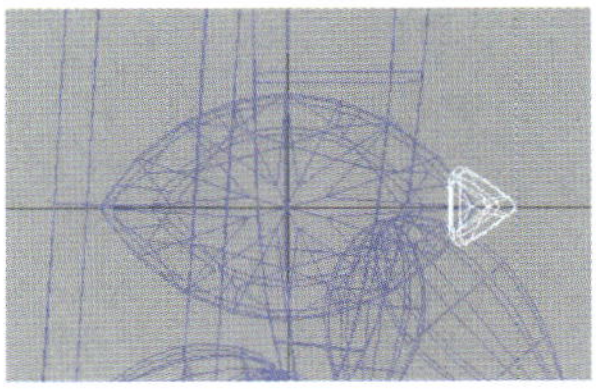

图3—95　选中钻石镶口

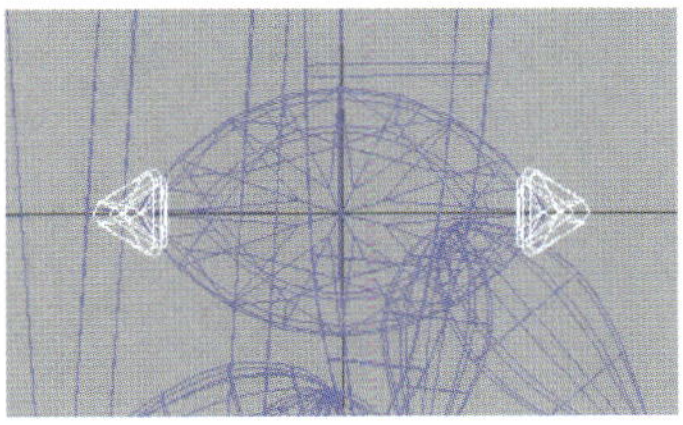

图3—96　左右复制后的镶口

（3）更换镶口的材料

1）只选中视图中央钻石的镶口，然后单击“编辑”菜单，选择“材料”命令，在弹出的“JewelCAD材料”对话框中选择编号为“GoldWhit”的白色金属材料。

2）执行完上述命令后，将此钻石物件及其镶口全部选中，如图3—97所示。单击“布林体”工具列中的“联集”工具按钮，将它们形成一个不可分割的整体。

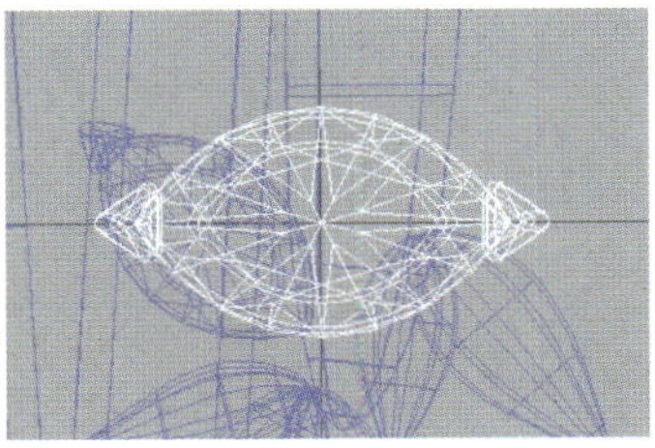

图3—97　选中的钻石物件及其镶口

（4）复制并镶嵌钻石物件

1）将选中的钻石布林体复制出所需要的数目。首先将要复制的钻石布林体移动到视图的右边空白区域，然后单击“复制”菜单，选择“直线复制”命令，在弹出的“直线延伸”对话框中将“延伸数目”设置为“3”，并在视图中按住鼠标左键拖动出一段距离，也可以在对话框下面的横向、纵向和进出方向三个文本框中输入数值，以确定各复制物之间的距离。

2）复制后的物件如图3—98所示，并将其余未修改的两颗钻石选中，按下键盘上的Delete键，将其删除。

图3—98　复制后的物件

3）调整钻石的位置。只选中复制后的三颗钻石，单击窗口中“检视”工具列中的“正视图”工具按钮 。在正视图状态下，单击“变形”工具列中的“移动”工具按钮 ，按住鼠标左键并向右拖动鼠标，将钻石物件都移动到手镯的开口处，如图3—99所示。

4）接下来和前面排布树叶形物件的方法一样，分别选中每一颗钻石，结合“移动”命令、“尺寸”命令和“旋转”命令，在正视图和右视图中反复调整钻石物件的位置、大小和方向，保证钻石物件在正视图中与手镯的开口处相接并随着手镯的弧度一致展开，在右视图中的最终效果如图3—100所示。

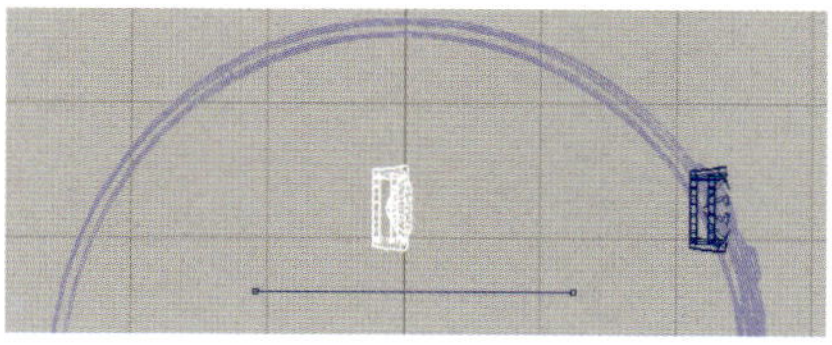

图3—99　移动选中的钻石

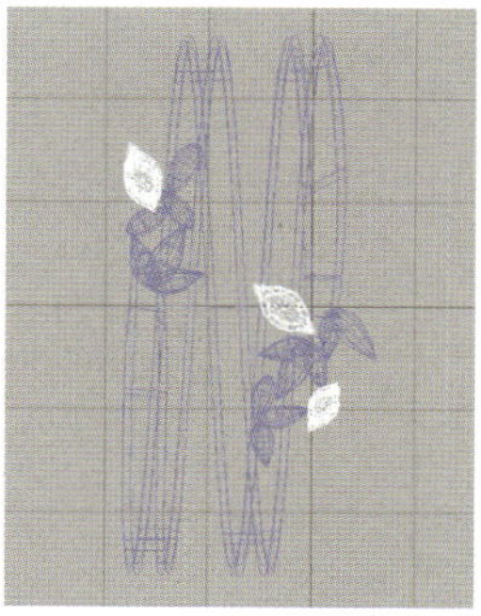

图3—100　调整后的钻石最终效果

5）单击“检视”菜单中的“光影图”命令，将视图切换到“光影图”状态。按住键盘上的Tab键，并按住鼠标左键并拖动，可以从各个角度去观察效果，最终完成后的效果图如图3—101所示。

图3—101 手镯最终效果图

学习单元2 运用JewelCAD软件制作胸针设计图

学习目标

能够运用JewelCAD软件制作公主方钻胸针实例

知识要求

1. 学会使用“任意曲线”命令绘制各种不同的形状

“曲线”菜单下的“任意曲线”命令用于绘制任意形状的曲线。此命令通过生成控制点和修改控制点来完成对曲线的操作。进入绘制状态后，单击鼠标左键可以生成一个控制点，按住鼠标左键并拖动可以移动控制点，同时单击左右键可以删除控制点，双击鼠标左键可以生成多重点，绘制完毕按下空格键即完成曲线绘制。

2. 学会制作管状曲面

使用“管状曲面”命令需要先制作一条曲线作为路径，然后按照绘制好的切面形状或者设定好直径的圆形切面，根据这条路径扫出一个与切面一致的像管子一样的曲面。

3. 掌握直线复制的使用方法

直线复制就是在一条直线上以任意方向、任意一段间距进行一个或者多个复制。可以自己设定所要复制的数目，也可以通过输入数据或者拖动鼠标来确定各复制物件之间的距离关系。

4. 掌握背针的制作方式

制作胸针必须制作背面的别针，所以至少要掌握一种制作背针的方式。设计师要善于运用资料库来提高制图效率。可以从资料库中调出针的形状，先调整其方向、大小到合适的尺寸，然后利用“任意曲线”命令来绘制锁扣的切面，并将此切面执行“直线延伸曲面”命令来扫成体。

技能要求

胸针实例

此款胸针以白色金属和公主方钻为材料，采用花的形状为主要设计元素，式样轻松、活泼、有朝气，适合年轻、阳光、可爱的女性。此款胸针的设计以流畅的线条搭配钻石的点缀，方钻不均匀地散落在花瓣上，宛若晶莹的露珠，可谓相得益彰，恰到好处。线条间形成的镂空效果正好衬托出衣服的质感和色泽，使花更美、衣更靓。制作过程中应当注意，这里的钻石采用的是包镶的镶嵌方式。该实例的完成效果图如图3—102所示。

图3—102　“Flower Pin”（绘制　王琼）

该实例的制作可分为四个步骤，这四个步骤分别制作完成之后的缩略图如图3—103所示。

图3—103　“Flower Pin”分步骤缩略图

操作步骤

步骤1　制作花形金属架

这部分的制作要首先使用“任意曲线”命令绘制出花形的金属框架轮廓，然后利用“管状曲面”命令制作出花形的金属架外框，最后同样运用“任意曲线”和“管状曲面”命令制作花形内部的金属条。

（1）制作花形曲线

1）首先制作花心部分的轮廓线。打开JewelCAD软件，在“正视图”状态下单击“曲线”菜单，选择“圆形”命令，如图3—104所示。

2）执行完上述命令，屏幕上会弹出“圆形曲线”对话框。将“直径”设置为“1”，“控制点数”设置为“6”，然后单击“确定”按钮完成设置，如图3—105所示。最后所得到的圆形曲线便是花心的轮廓线，如图3—106所示。

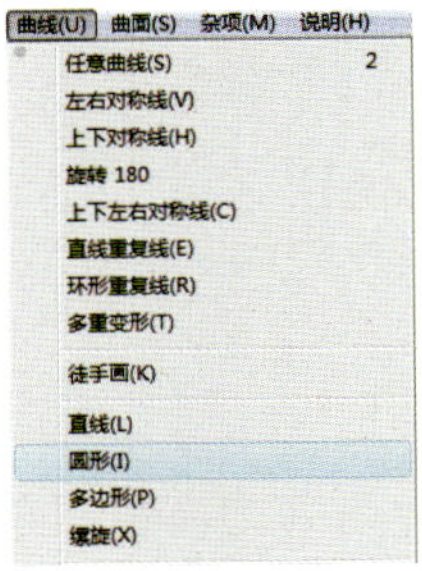

图3—104 “圆形”命令

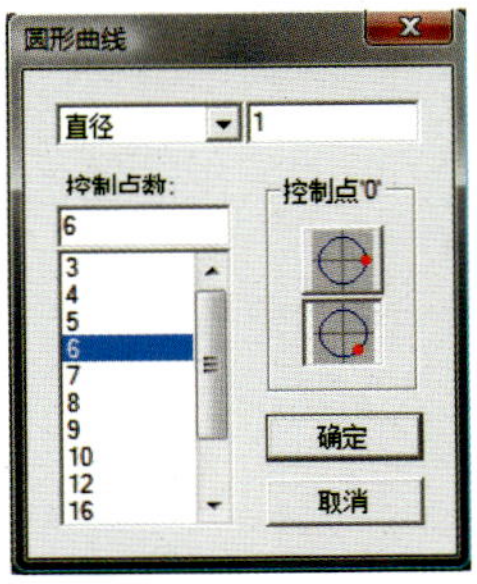

图3—105 “圆形曲线”对话框

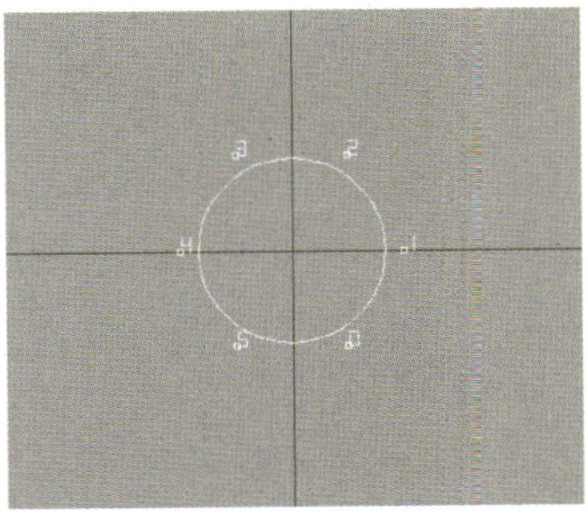

图3—106 圆形曲线

3）然后绘制花瓣部分的轮廓线。单击“曲线”菜单，选择“任意曲线”命令，如图3—107所示。

4）进入“任意曲线”的绘制状态后，通过每单击鼠标左键一次形成一个控制点的方式绘制出如图3—108所示的花瓣形状。在绘制过程中可以通过移动控制点来控制所绘图形的形状，完成后按下键盘上的空格键退出编辑状态。

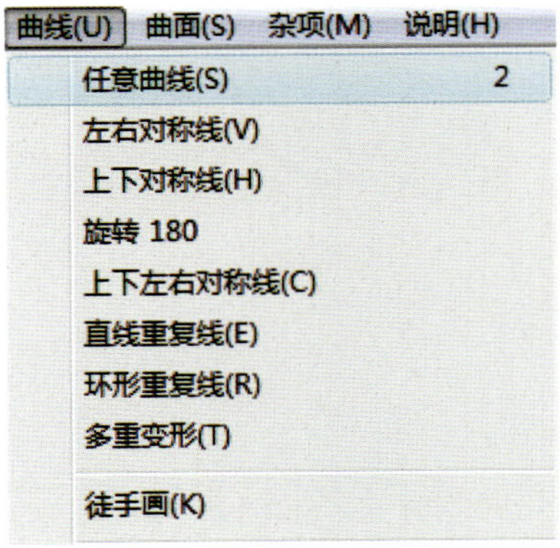

图3—107 “任意曲线”命令

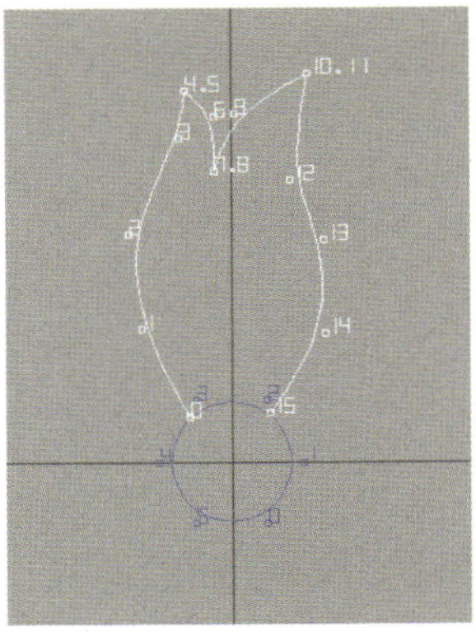

图3—108 绘制花瓣形状

注意：使用“任意曲线”命令绘制曲线通常通过单击鼠标左键形成单点，但如果需要形成尖锐的角，则需要双击鼠标左键来形成双点。过尖的造型在首饰中是不利于佩戴的，所以在处理转折处的点时，切勿用双点，要尽量在保证造型完整的前提下处理得圆润些，以利于佩戴。

同时要注意的是，首尾两个点要与花心曲线相接，以保证效果图的制作准确无误。

5）同前面绘制花瓣的方式相同，用“任意曲线”命令将其余的四片花瓣轮廓线绘制完毕，完成后的效果如图3—109所示。

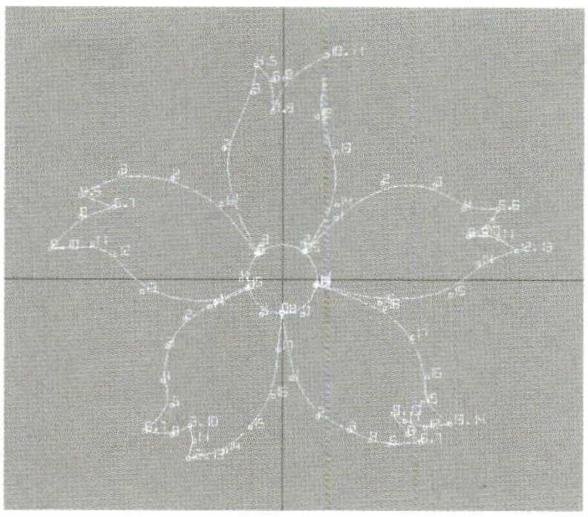

图3—109　绘制好的花形曲线

6）花形曲线绘制完毕后，整体观察曲线的大体形状，如还有需要调整的地方，单击“曲线”菜单，选择“修改”命令中的“任意由线”子命令，按住键盘上的Shift键，在要修改的曲线上单击鼠标左键，当曲线变成蓝色时，即进入编辑状态。

进入编辑状态后，根据需要在需要移动的点处单击鼠标左键并拖动，在需要增加点的地方单击鼠标左键增加控制点，也可以用鼠标指向曲线上的某个控制点同时按住鼠标左右键将其取消，双击鼠标左键生成多重点可以形成直角曲线，最终将花形轮廓线修改到理想的程度。

（2）制作管状曲面

1）将刚刚制作的花形曲线演变成花形曲面。首先在视图中按住鼠标左键拖出一个矩形框，框选刚刚制作好的花形曲线，使花形曲线为白色，确保其为选中状态。单击“曲面”菜单，选择“管状曲面”命令，如图3—110所示。

注意：部件为选中状态时为白色，未选中状态时为暗蓝色。要想对其进行操作，必须使其为选中状态，才能有效果。

2）执行完上述命令后，弹出“管状曲面”对话框。在对话框中选择“横向管状”，将“直径”选项后面的数值改为“0.2”，然后单击“圆形切面”按钮，如图3—111所示。

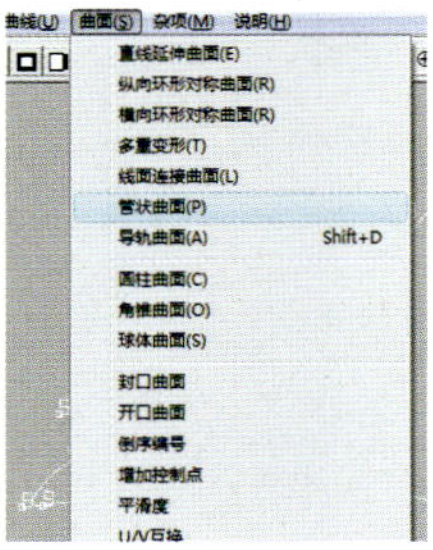

图3—110　“管状曲面”命令

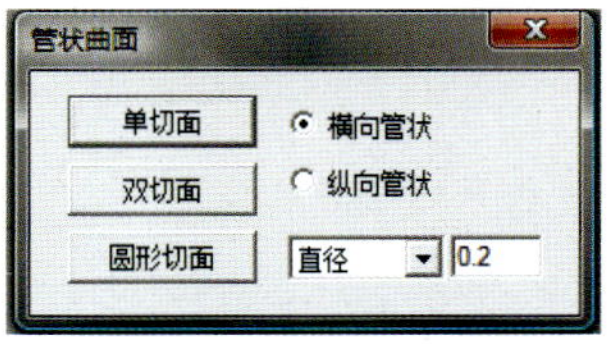

图3—111　“管状曲面”对话框

3）完成以上步骤后，对话框从屏幕上消失，花形曲线根据对话框中的参数设置被扫成直径为0.2的圆形管状曲面，如图3—112所示。单击窗口中“检视”工具列中的“光影图”工具按钮，观察其光影图效果，如图3—113所示。

图3—112　花形管状曲面

图3—113　花形曲面光影图

（3）更改生成物件的材料

在JewelCAD软件中，从资料库中调出的物件和自动生成的物件，其金属部分一般都是黄金材质的，因此需要在材料库中将黄金材料替换成案例需要的材料，具体操作步骤如下。

1）首先将要更换材料的物件选中，然后单击“编辑”菜单，选择“材料”命令。

2）在弹出的“JewelCAD材料库”对话框中选择编号为“GoldWhit_1”的材料，如图3—114所示。

图3—114　选择“GoldWhite_1”

3）单击“检视”菜单，选择“光影图”命令。然后按住键盘上的Tab键，同时点住鼠标左键，在屏幕上上下左右地拖动，可以从不同的角度观察物件，其效果如图3—115所示。

图3—115　花形曲面白金效果图

（4）制作花形金属物件内部的金属条

为了和花形金属框架统一，其内部的金属条也用圆形切面的管状曲面。

1）首先将视图切换到“普通线图”和“正视图”状态，单击窗口中“检视”工具列中的“普通线图”工具按钮 和“正视图”工具按钮 。然后单击“曲线”菜单，选择“任意曲线”命令。

2）进入任意曲线编辑状态后，在花形金属轮廓内部画出如图3—116所示的第一条金属条轨道线。

注意：两个点便可确定一条直线，因此在绘制过程中确保两个点所形成的直线与X轴平行。

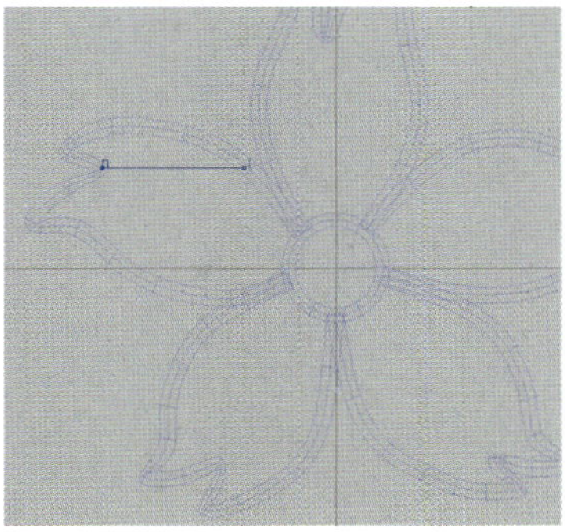

图3—116　第一条金属条轨道线

3）绘制完每一条直线后按下键盘上的空格键，退出编辑状态，然后用相同的方法将花形物件内部的金属条轨道线全部绘制完成。也可以绘制完一条直线后，按住键盘上的Ctrl键，同时在另一条待绘制直线的起始点处单击鼠标左键，即可进入另一条曲线的绘制状态，同时也退出了上一条曲线的编辑状态，然后松开Ctrl键，绘制当前的线条。最终，全部的金属条轨道线布局如图3—117所示。

注意：为了保证所制作的内部金属条与花形金属外框能准确无误地衔接，每条直线的两个点最好都画在花形管状曲面上。

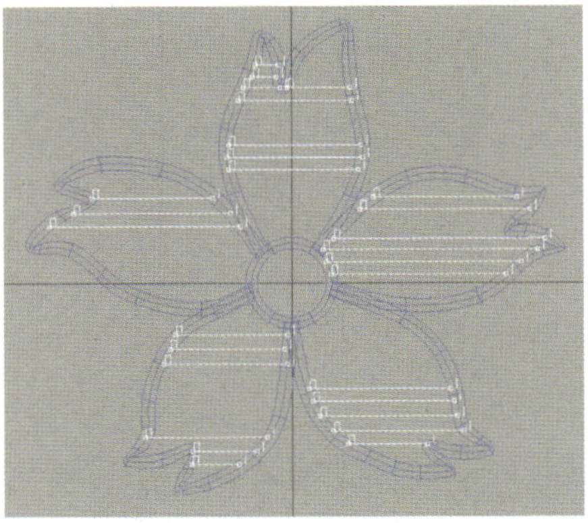

图3—117　全部的金属条轨道线

4）将上面绘制的直线全部选中，单击“曲面”菜单，选择“管状曲面”命令。在弹出的“管状曲面”对话框中，选择“横向管状”，并将“直径”设置为“0.05”，然后单击“圆形切面”按钮。

5）执行完上述命令后，花形内部金属条管状曲面如图3—118所示。

图3—118　金属条管状曲面

（5）更换金属条的材料

1）将刚刚制作完成的所有金属条选中，单击“编辑”菜单，选择“材料”命令，在弹出的“JewelCAD材料库”对话框中选择编号为“GoldWhit”的白色金属材料。

2）至此，花形金属内外框架已经完成了。单击“检视”菜单，选择“光影图”命令，可以观察物件效果如图3—119所示。

图3—119　花形金属内外框架光影图

步骤2　制作包镶的公主方钻石

下面镶嵌钻石。

（1）调出钻石物件

1）单击“档案”菜单，选择“资料库”命令。

2）在弹出的“JewelCAD资料库”对话框中，从左边列表选择“Settings”目录下的“Square1”选项,然后从右边的缩略图中选择编号为“Sqr00004”的钻石资料，如图3—120所示。

3）单击鼠标左键选择好钻石物件后，看到在窗口中的显示效果，如图3—121所示。

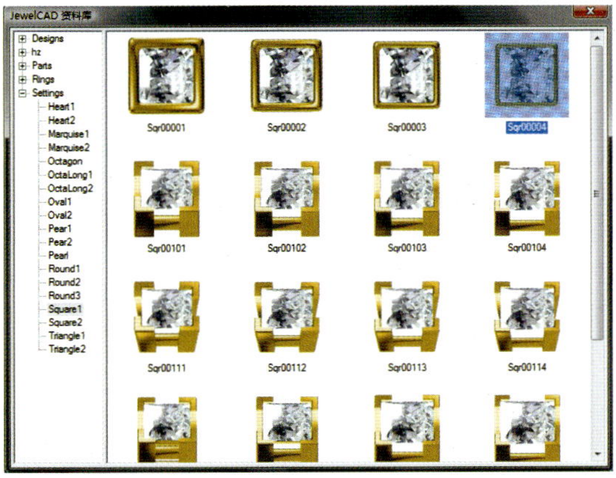

图3—120　选择“Sqr00004”

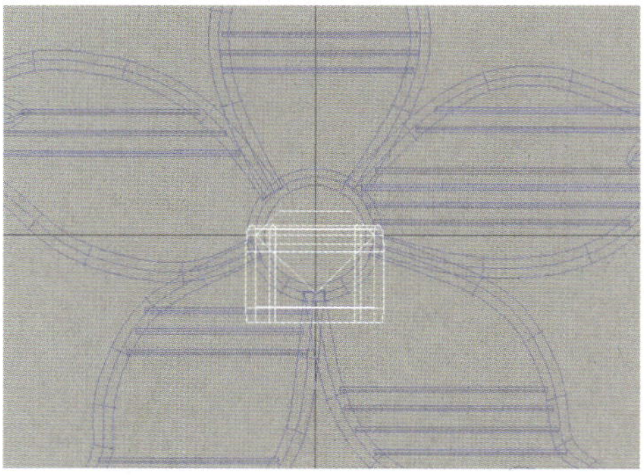

图3—121　编号为“Sqr00004”的钻石

（2）更换镶口材料

从JewelCAD软件中调出的钻石物件，其镶口部分一般都默认为黄金材料，下面将黄金材质的镶口替换成本案例需要的白金材料。

1）将钻石布林体物件还原。确保只有钻石物件为选中状态，单击“杂项”菜单，选择“布林体”命令下的“还原”子命令。

2）这样就将钻石物件中的钻石和镶口拆分开了。下面来修改镶口的材料：只选中钻石的镶口，单击“编辑“菜单，选择”材料“命令。在弹出的“JewelCAD材料库”对话框中选择和金属条一样的材料，即编号为“GoldWhit”的白色金属材料。

3）材料替换完毕后，同时选中钻石和镶口，单击“杂项”菜单，选择“布林体”命令下的“联集”子命令，将钻石和镶口联集成一个整体，如图3—122所示。

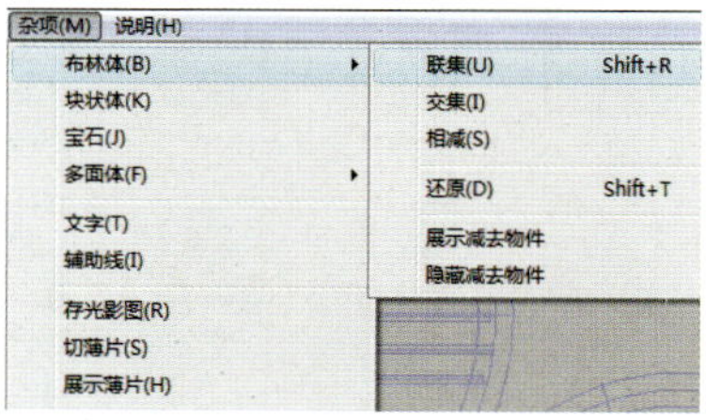

图3—122　“布林体”下的“联集”子命令

（3）调整钻石大小并排列钻石位置

1）选中钻石物件，单击“变形”菜单，选择“反转”命令下的“反下”子命令。

2）将钻石朝向调整到正面朝向设计师后，将视图在“正视图”和“右视图”中切换，利用“移动”工具 和“尺寸”工具 调整钻石的位置和大小，最终在“右视图”中的状态如图3—123所示。

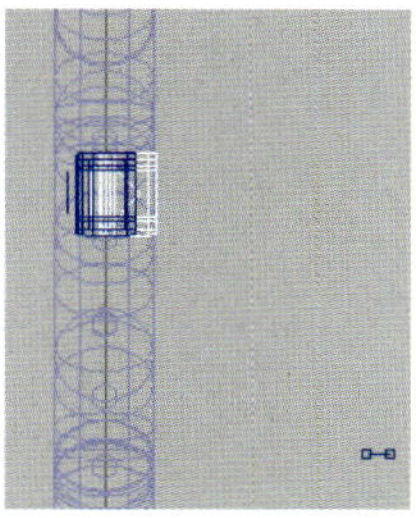

图3—123　调整后的钻石状态

3）复制出所需要的钻石物件的数目。选中将要复制的钻石物件，单击“复制”菜单，选择“直线复制”命令，在窗口中弹出“直线延伸”对话框，在对话框的“延伸数目”一栏中输入需要复制的钻石数目，在这里先设置为“15”，然后在窗口中拖动鼠标左键，如图3—124所示的两条蓝色的线条即是拖动出来的两颗钻石间的距离，同时这个距离会显示在对话框下方的文本栏内。

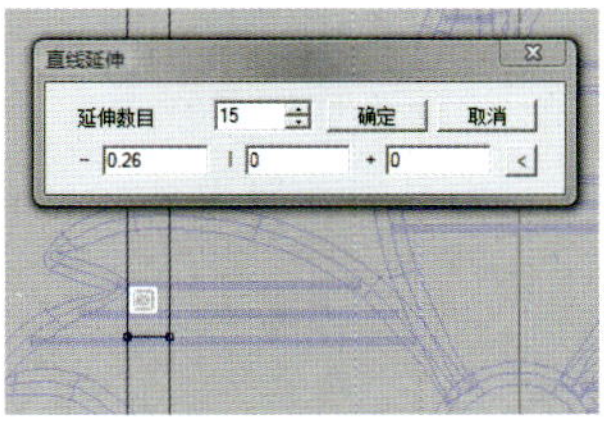

图3—124　设置“直线延伸”对话框

4）复制出的所有钻石物件如图3—125所示。

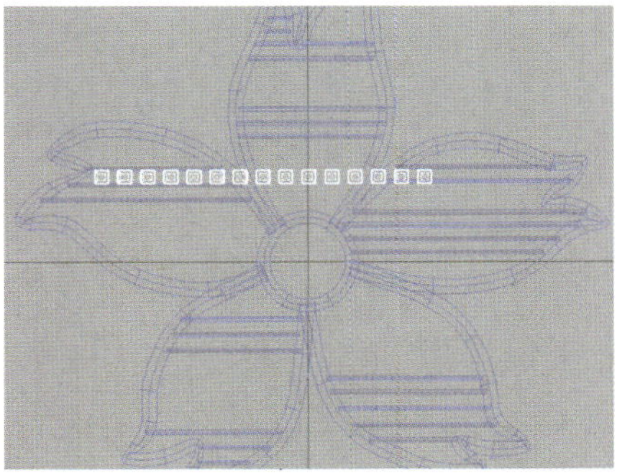

图3—125　复制出的所有钻石物件

5）利用“移动”工具和“尺寸”工具调整钻石的位置和大小，并且反复地使用“直线复制”命令复制出足量的钻石，最终使钻石有序地分布在花形金属框架的内部，并且精确地镶嵌在金属条之间，如图3—126所示。

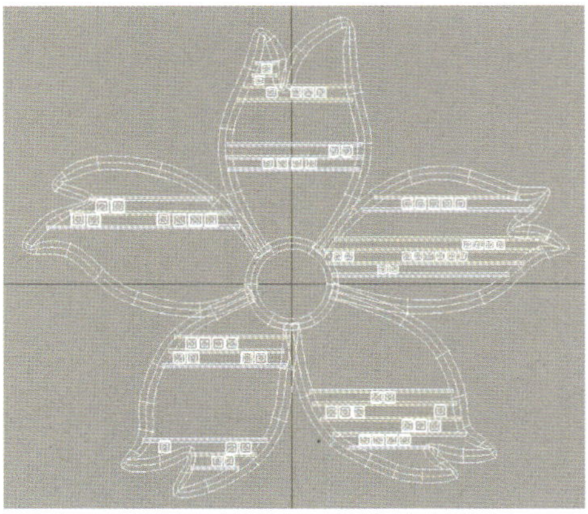

图3—126　全部钻石的排布状况

步骤3　制作观赏面其他点缀部分

下面制作胸针主体花形周边的四朵点缀小花。

（1）将上面制作的花形物件全部选中，同样运用“复制”菜单下的“直线复制”命令，在弹出的“直线延伸”对话框中，将“延伸数目”设置为“4”，然后在窗口中花的左端按住鼠标左键并向右拖动至花的右边，松开鼠标，所拖动的这段距离即是复制物之间的距离，如图3—127所示。

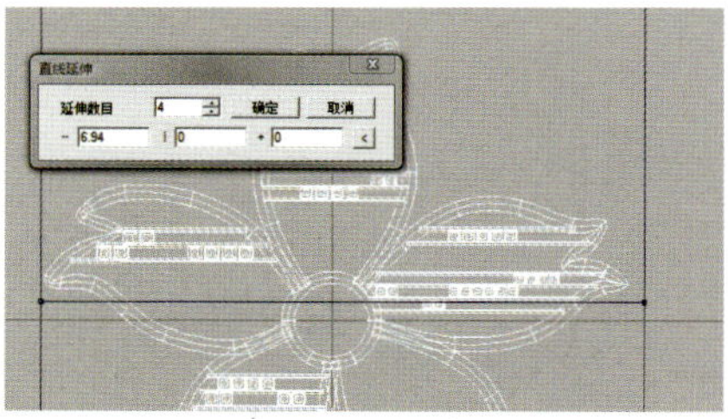

图3—127　设置“直线延伸”对话框

（2）设置好后按下“确定”按钮，复制后的效果如图3—128所示，并选中其中的一个花形物件，运用“基本变形”工具列中的“移动”工具、“尺寸”工具和“旋转”工具，将其调整到如图3—129所示的效果。

（3）用相同的方法继续调整另外三个花形物件到如图3—130所示的效果。

图3—128　复制后的效果

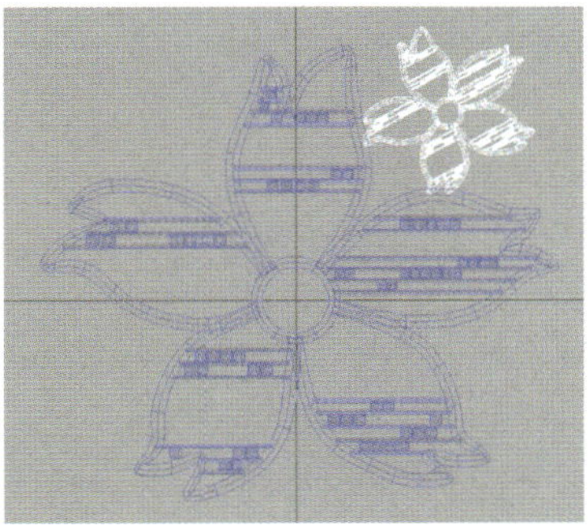

图3—129　调整复制好的花形物件

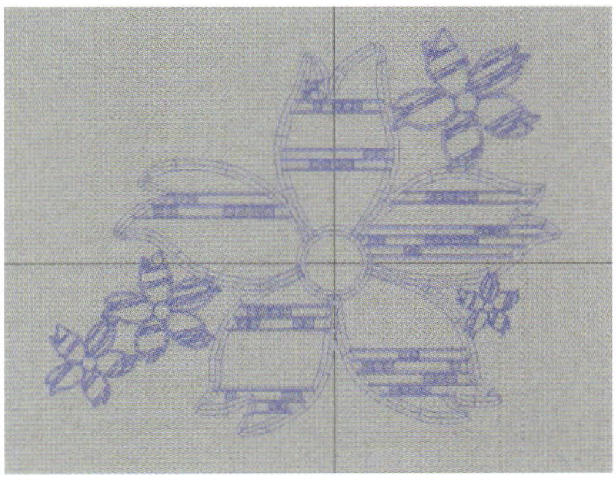

图3—130　调整好的所有花形物件

（4）将视图切换到“光影图”，仔细检查效果图是否符合要求，如图3—131所示。可以发现目前胸针观赏面太过烦琐，而且宝石的数目过多，一方面使胸针的重量过重，另一方面使其价值过高，因此需要简化设计。

图3—131　光影图效果

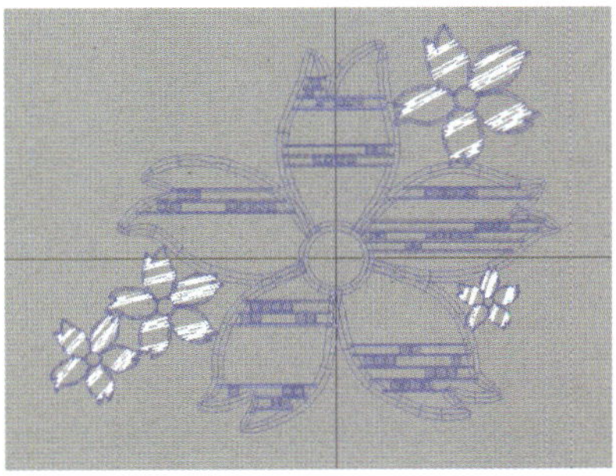

图3—132　选中要删除的物件

（5）将周围四个小花物件的内部金属条和钻石全部选中，如图3—132所示。按下键盘上的Delete键，将选中的部分全部删除，调整后可以发现观赏面主次分明、节奏清晰，视觉上更加清爽。

步骤4　制作胸针的背针

胸针的观赏面制作好后，接下来制作胸针背面用来固定在衣服上的别针。

（1）制作背针

1）单击“档案”菜单，选择“资料库”命令。

2）在弹出的“JewelCAD资料库”对话框中，从左边列表选择“Parts”目录下的“Parts2”选项，从右边的缩略图面板中选择编号为“PIN”的物件，如图3—133所示。

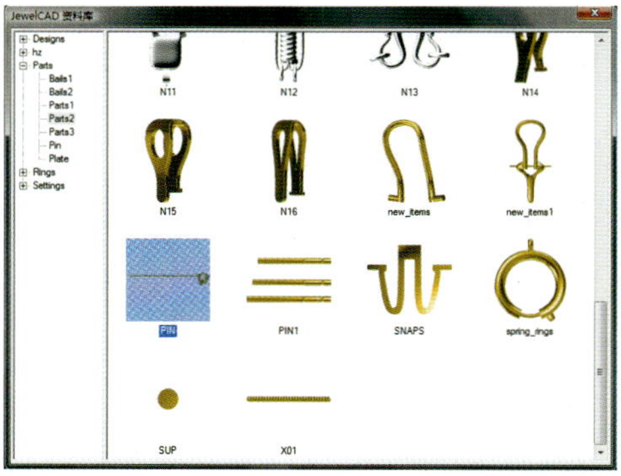

图3—133 选择“PIN”

3）将上一步从资料库中调出的背针选中，单击“变形”菜单，选择”反转”命令下的”反上”子命令。这样改变了别针的状态，使其与观赏面部分垂直。然后运用“尺寸”工具按钮，调整别针的尺寸，使其与观赏面比例协调，如图3—134所示。

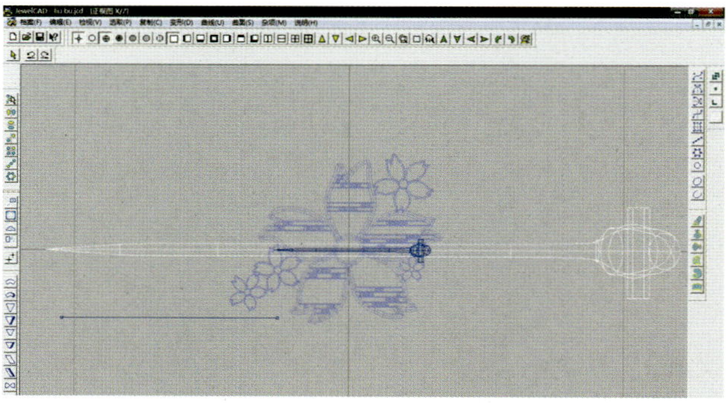

图3—134 调整别针的尺寸

4）分别在“背视图”和“右视图”中调整背针的位置，如图3—135和图3—136所示。

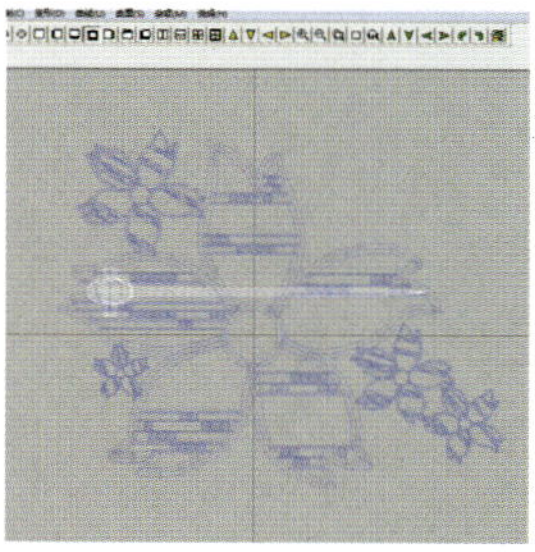

图3—135 背针背视图中的位置

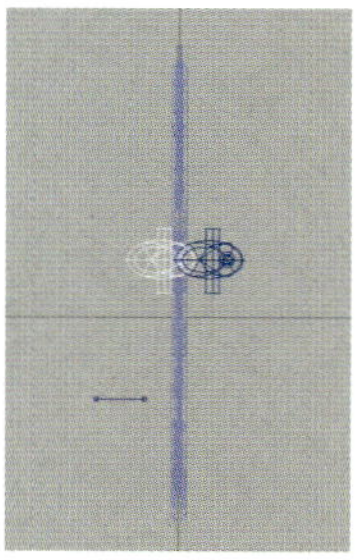

图3—136 背针右视图中的位置

5）背针虽然处于观赏面的后面，但其重要性是不容忽视的，除了在功能上的连接作用外，作为一件优秀的作品，它的大小、比例、形状、材质等一定要与主体物协调统一。因此需要反复斟酌别针是否合适。“尺寸”工具按钮 还有另外一种用法，即按下鼠标右键并拖动，被选中的物件将随着拖动的方向单方向放大或缩小，而另一方向则保持不变。调整后别针的形状会发生明显的变化，如图3—137所示。

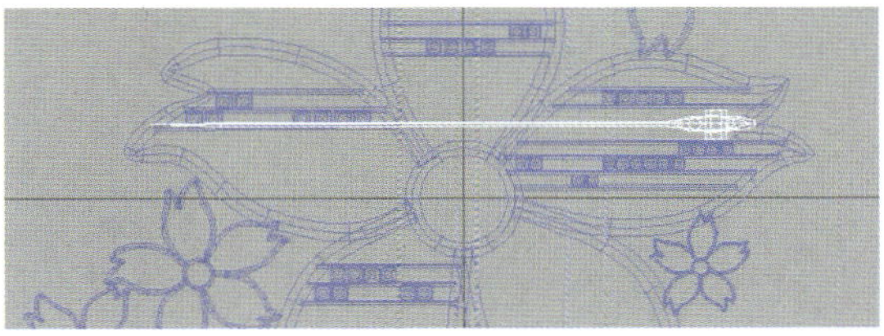

图3—137 调整背针的形状

（2）制作别针锁扣

1）单击工具栏中的“右视图”按钮，在右视图状态下创建一个锁扣切面的形状，如图3—138所示。单击“曲线”工具列中的“任意曲线”工具按钮 ，画出大概形状并结合“封口曲线”工具按钮 ，使曲线成为闭合的切面曲线，单击键盘上的空格键，完成该曲线的制作。

2）依据所画的切面形状，直接延伸为体。将新建的切面曲线选中，单击“曲面”菜单，选择“直线延伸曲面”命令，在弹出的“直线延伸”对话框中，设置“延伸数目”为“2”，“进出轴”数值为“0.1”，然后单击“确定”按钮，如图3—139所示。

3）根据以上设置，JewelCAD自动扫出需要的锁扣形状，光影图效果如图3—140所示。

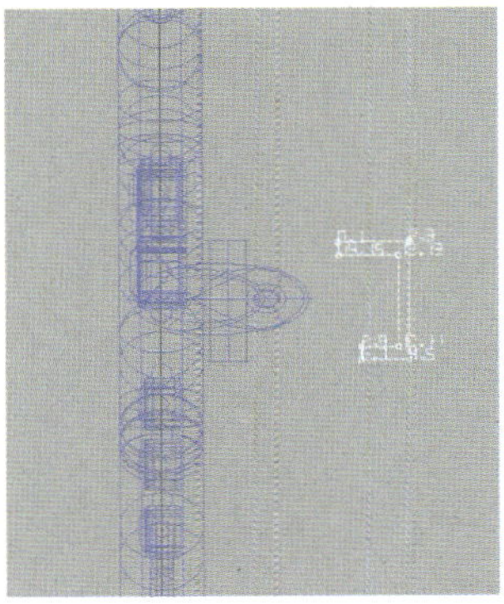

图3—138 锁扣切面的形状

图3—139　设置“直线延伸”对话框

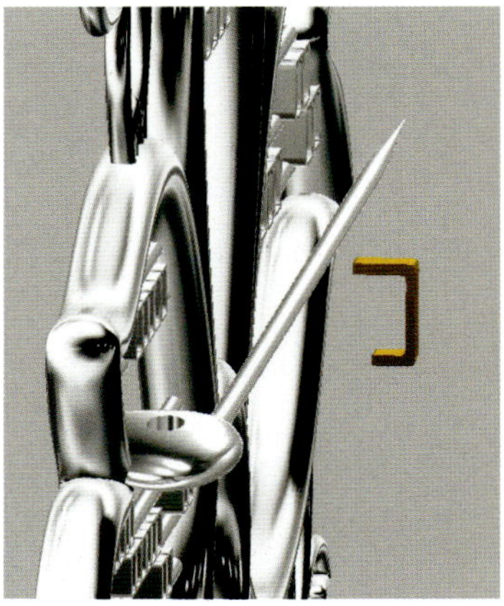

图3—140　锁扣光影图

4）下面将锁扣移动至相应的位置。选中锁扣，单击“检视”菜单，选择“上视图”命令，单击“基本变形”工具列中的“移动”工具按钮，在上视图中将锁扣的位置移动至如图3—141所示的位置，确保锁扣与观赏面相连接，单击键盘上的空格键，确定完成。

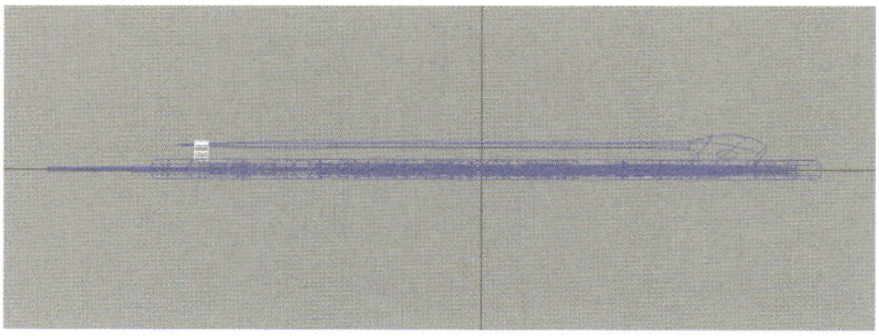

图3—141　移动锁扣的位置

5）将新创建的背针材料修改为与其他金属部分一样的白色金属材料。单击“检视”菜单中的“光影图”命令，然后按住键盘上的Tab键和鼠标左键，并在窗口中拖动鼠标，从各个不同的角度检查胸针的观赏面和背针是否相连，它们之间的位置关系是否合适。这样就完成了全部物件的制作。

第4节 手版制作

学习单元1 焊接设备、燃料性能与使用方法

学习目标

1. 了解焊接设备的使用、维护和保养知识
2. 了解焊接燃料的性能和保存方法
3. 掌握焊接的各种技能

知识要求

1. 焊接的原理及特点

（1）焊接的原理

所谓焊接，就是通过对两件金属物件加热或者施加一定的压力，或者同时使用加热和加压工艺，并添加或不添加各种填充材料，使物件达到连接的一种方法。焊接是对铸造锻造的补充，使创作有了更多发挥的可能性。

在首饰制作中，一般利用焊接金属和焊剂的性质来引导流动的金属，从而将它们连接在一起。

（2）焊接的特点

1）焊接物件整体性相对更好，能够承受一定的外力，不会像铆接、链接等那样在外力下容易变形（当然，对于作品要爱护，轻拿轻放，避免对其造成不必要的破坏），并且具有良好的密封性。

2）焊接可以将不同大小、形状、材质的金属物件连接起来，使作品结构中的创作更随意，造型更新颖，材料分布更合理。并且，各零部件间通常可以直接连接，不需要附加的连接件，焊接连接部分的强度也基本上可以达到或接近原材料的强度。

3）焊接加工基本不需要大型的、贵重的设备，是一种成本不大却很容易出效果的方法。焊接加工工艺既适用于工厂大型批量化生产，又适用于学校、工作室、小作坊里小批

量或个性化的创作。而需焊接物件的造型、材质或大小变化时，设备可基本不变，比较灵活机动。

2. 焊接的种类

根据物件在焊接过程中是否熔化，将焊接分为熔焊、钎焊和压焊三大类。然后再根据加热方式、工艺特点等进行分类。

（1）熔焊

熔焊是对物件加一定的热量（根据物件金属的熔点高低不同而不同），使物件连接的部位局部熔化成液体并融合在一起，冷却后形成一体的方法。熔焊通常分为电弧焊、激光电焊、气焊等。

（2）钎焊

钎焊是采用熔点比原材料低的材料作为钎料，将焊件和钎料加热至高于钎料熔点但低于原料熔点的温度，利用毛细作用使液态钎料充满接缝间隙（钎料熔化后必须具有较好的流动性），熔化的钎料布满原材料表面（有时可以略高出原材料表面），冷却后结晶形成结合的方法。首饰加工中使用的钎料通常是以原材料为基础，再配以其他熔点较低的金属，从而降低其熔点。钎焊通常分为火焰钎焊、炉中钎焊、电子束钎焊等。

（3）压焊

压焊是利用摩擦、扩散和加压等物理作用，使物件在固态条件下实现连接的方法。压焊通常分为闪光对焊、电阻对焊、冷压焊、摩擦焊等。

3. 首饰焊接方法

首饰焊接通常使用两种方法，一种是熔融法，另一种是焊料焊接法即钎焊。熔融法，顾名思义，即将金属熔化后，使金属融合在一起，通常仅限于纯金纯银。此方法能很好地保证贵金属的纯度。焊料焊接法通常用于K金、925银、铜等材料的焊接，即通过火枪加温使焊料熔化，将金属连接在一起。特别是K金的焊料，应不低于需焊接K金的本身纯度。焊料按其熔化温度的高低分为高温焊料、中温焊料和低温焊料。在焊接中，需要凭经验酌情使用。通常，如有必要，在同一物件中应按高温焊料、中温焊料和低温焊料的顺序使用，避免由于焊接后面部分时将前面已经焊好的地方的焊料熔化而使物件脱落。也可将先前焊好的地方涂上隔离膏进行保护。

4. 焊接的常用设备及焊接设备的养护

（1）风球、油壶和焊枪

这三种首饰制作中常用的工具通过橡皮管联结为一体，如图3—142所示。风球由两块相连的带脚踏板的木板构成，其中上面的一块有一个缺口，在缺口上套了一块橡胶皮，胶皮上又绑有线网，用来防止胶皮被鼓破。用脚踏木板让风球的胶皮鼓起，这样风球中的气体就被挤进油壶，然后油壶中的汽油汽化后就从焊枪口喷出，点上火就可以进行焊接加工了，火焰温度最高可达到1 400℃以上。使用时需反复踩踏脚踏板，有经验的师傅可以用踩踏的力度和速度来控制火焰的大小和强度。油壶内建议倒入120号汽油，因为120号汽油更为纯净，几乎没有杂质，能够完全燃烧。而90号或93号汽油燃烧后会残存杂质，不仅降低效率，而且使用一段时间后还需要倒出残留的废汽油，并容易造成回火，因此120号汽油是更好的选择。焊枪多用于焊接和熔化、退火等工序，焊接需焊枪的火苗细长，而熔化、退火需要大火。可调节焊枪的旋钮使用合适的火头。

图3—142　风球、油壶和焊枪

（2）自动熔焊机

随着焊接设备工艺的发展，现在很多高校、厂家及培训机构逐渐不再使用风球、油壶作为首饰的焊接设备，取而代之的是更为方便实用的自动熔焊机，如图3—143所示，其原理和风球、油壶是一样的。其中装载四个小型的空气压力泵，通电后，启动压力泵就起到脚踏木板的效果，把汽化后的汽油压到火枪口，点燃后焊接。内部也装有小的铁皮箱子用于存放汽油。一般有四挡，可随着启动压力泵的多少调节火头大小，并可调节火枪上的旋钮调节火头粗细。此焊机必须搭配120号汽油使用。

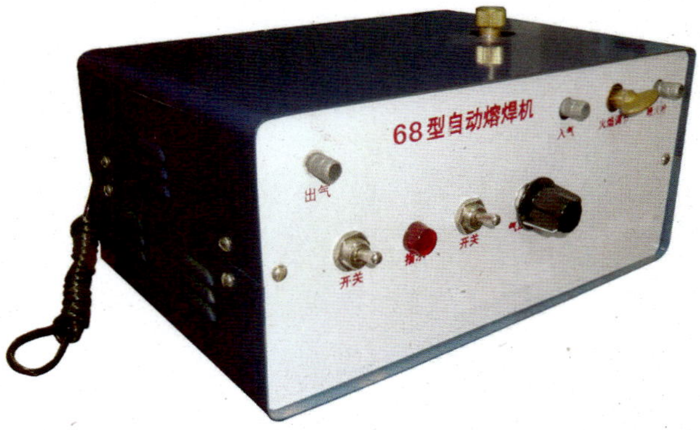

图3—143　自动熔焊机

无论是风球、油壶设备还是自动熔焊机，每次加入少量汽油，加入量大约是2～3个专门配套的漏斗容量，待用尽后再加入。汽油属高挥发性易燃易爆物质，需要装入铁桶并锁入铁柜保存。

（3）大型燃气设备（见图3—144）

燃气（乙炔和氧气的混合气体）也可用于焊接。用燃气焊接时首先要注意安全。一定要把氧气瓶和乙炔瓶分开搁置，乙炔气瓶禁止放在高温设备附近，应距离明火10 m以上，使用中应与氧气瓶保持8 m以上距离。最好把氧气瓶放在熔金操作间的外边，用高压胶皮管将氧气引进，避免其接触到较热的环境。大型喷火枪有两条进气管，一条是氧气进气管，另一条是乙炔进气管。焊接前先拧开乙炔瓶的阀门，用打火机把喷枪点燃，注意要先点燃乙炔再加氧气。点火时，枪头朝外，不要对着自己。灭火时，先关乙炔后关氧气，以免乙炔回火。点燃火后，要观察喷枪喷出的火焰，如火焰是长而粗大的黄火焰，喷射劲头不大，带有浓浓的黑烟，说明喷枪中乙炔气太多，要将乙炔开关关小点。如喷枪火焰短小，喷射劲头很大，能听到强烈的嗖嗖声，说明氧气进入喷枪太多，也需要调节氧气开关。调节好的喷枪火焰由里向外出现三层颜色分别为白、蓝、黄的火苗，火焰喷射有力。同量的乙炔与氧气燃烧所产生的最高温度为3 350℃，如果乙炔在空气中燃烧，不能从空气中摄取足够氧气来达到充分的燃烧，其结果是产生残余的碳黑烟。随着氧气被加到乙炔中，火焰变得越来越亮，越来越集中，火力越来越大。所以，要特别注意观察金属在焊接时受热而产生的颜色变化，要掌握好火力，否则很容易将比较小、薄的金属熔化。

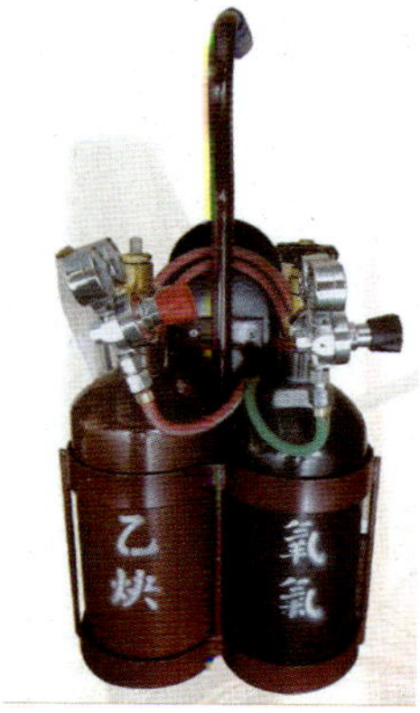

图3—144　乙炔燃气设备

（4）小型焊接枪（见图3—145）

小型焊接枪的大小只有14 cm×8 cm左右，也不需要用皮管连接气体，直接将充打火机的气体（丁烷）充入焊接枪即可使用，非常便于携带。只需打开开关放出气体，点火即可进行焊接。此焊接枪喷出的火焰也可达到很高的温度，可以将金银熔化。但是其火头的大小和压力达不到上述几种焊接设备的程度，所以不能焊接较大的物件，仅能够进行比较小的物件和细丝的焊接，比较适用于首饰维修，不适用于批量生产需要的焊接。

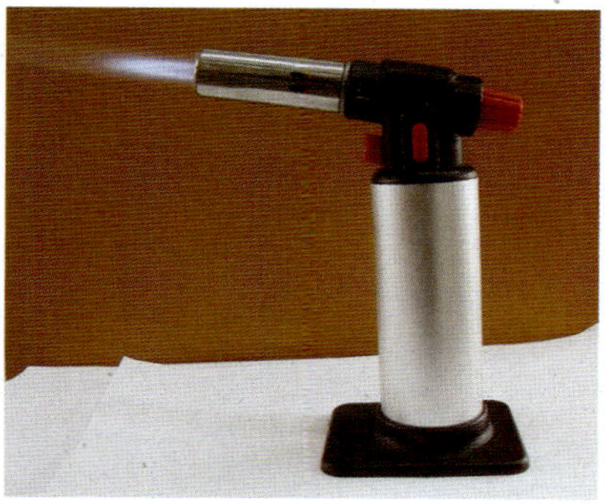

图3—145　小型焊接枪

除以上设备外，焊接还需要配合使用焊瓦、装满耐火石子的焊接盆、钳子（高温下不易粘接焊药为佳）、硼砂或焊接膏、隔离膏、焊接夹、铁丝网、铁架子等工具。

5. 焊接的技能要点及注意事项

（1）打磨表面

首饰焊接首先需要将所焊接的物件表面打磨干净，酸洗去除表面氧化层。无论是点和点、点和面还是面和面之间的焊接，都需要将两金属接触的地方用锉刀修整，使两金属之间完全密封。这样焊接出来的物件就能成为一个整体，打磨后也不显现漏缝和沙眼，并且焊接后面的部分时也不容易使前面焊过的地方受热而焊药流走，造成漏缝。注意每次焊接前都需要清洗、打磨、去除氧化层，否则容易出现假焊。

（2）焊接物件的摆放固定

焊接物件的摆放固定可根据物件形状和焊接的要求有多种方式。

1）自然平放。即平放后，自然达到焊接后所需的两物件的相对位置，一般用于相对规整的物件。

2）用焊接夹夹住物件定位。焊接夹必须夹得牢固，不能使物件在焊接过程中位置发生变化，破坏焊接效果。

3）如果需要从物件的反面加热，可把物件放在悬空的放有铁丝网的铁架子上，火枪放到物件底下对着物件的底部加热焊接，根据经验和需要，也可以从物件上方和下方同时加热。

4）可用焊接钳夹着物件焊接，手臂可以依托在焊接台上面，这样焊接时手能够很稳地夹住物件并确定物件所需要的位置，避免手臂悬空而容易抖动，造成物件位置的偏差。使用此方法可在焊接中灵活调节焊接位置，同时对焊接技术要求较高。

5）可将物件埋入装满碎石子的铁盆子内使之固定，将焊接接触的地方露出进行焊接，同时碎石子在焊接过程中也起到了很好的保温效果，使热量不容易很快地发散。

6）有时候也可以用细铁丝将多个物件捆绑在一起进行焊接，等全部物件都牢固地焊接在一起后，再拆去用于固定物件的铁丝。铁丝应与各物件焊接点保持一定的距离，否则容易将铁丝与物件焊接在一起。此方法通常用于多根丝的捆绑式的焊接。

7）也可以用小碎石子或薄的耐火片来调节焊接物件的位置，抬高一点或扭转角度都可以，需灵活运用。

（3）涂焊接膏和硼砂

焊接的时候先在焊接处涂上焊接膏和硼砂。焊接膏为黏稠糊状，如太干可加入适量的水，用毛笔涂于被焊处，其作用和硼砂一样，主要有以下两点：

1）增加焊药的流动性，使其能充分地流入焊接物的焊缝之中。

2）对物件表面有防氧化的作用，避免焊接受热后金属表面出现氧化层，造成焊接失败。

硼砂为粉状，也可根据需要，加入少量的水，拌均匀后使用。硼砂在受热熔化再冷却后具有一定的黏合作用，可起到定位效果，需根据经验利用这一性能，方便焊接的操作。同时，硼砂和焊接膏都具有黏合作用，是造成很多假焊情况的原因。如果物件之间是靠硼砂或焊接膏而黏合，其实焊药并没有充分流入物件之间的焊缝，就会造成假焊情况，需操作者注意避免。

焊片可事先剪成一块块细小的长片，焊接时，用焊接钳夹放至焊接处，也可将焊片熔化在物件接触表面，夹起物件进行焊接。

焊接时对火头大小和方向的控制尤其重要。焊片熔化后的流动方向是根据物件受热的温度，哪里温度高，焊片就往哪里走。特别是焊接两块体积相差比较大的物件时就需要多加热大的物件，因为大的物件所需加热到焊接温度的时间比较长。也可以先预热大的物件，烧红后，将小物件放上去一起焊接。焊接过程中，如果焊片被火枪的气流吹动，偏离位置，可用一根削尖的铜棒挑动，修整位置。

（4）不同情况的焊接

1）片与片的焊接。将两块片敲平并打磨干净。接触面用锉刀锉平，不漏缝。在接触的地方均匀涂上焊接膏，放好焊片。用火枪均匀地在两片物件中加热，使焊片熔化，流入焊缝中，充满焊缝。焊接完毕后将物件放入盐酸中，浸泡若干分钟，去除存留的焊接膏即可。

2）丝与片的焊接。先将丝、片和焊片涂上焊接膏，将焊片熔化到丝上，用火加热金属片，烧到显现暗红色。用焊接钳夹住金属丝，放置到所需要焊接的金属片上的合适位置，用火枪加热，将丝上的焊药引流到金属片上。焊接完毕后将物件放入盐酸中，浸泡若干分钟，去除存留的焊接膏即可。

3）一块片与多个小物件的焊接。在小物件的接触面上点好焊药，放置在片上面。从片的底部加热，将小物件上的焊药熔化到金属片上面，完成焊接。如果小物件在焊接过程中位置有所偏离，可用焊接钳调整位置。焊接过程中也可在金属片的表面和底部交替加热，使焊片在片与多个小物件之间熔化。焊接完毕后将物件放入盐酸中，浸泡若干分钟，去除存留的焊接膏即可。

4）对于多个物件一起焊接，焊接点又很靠近，并且物件不容易放平位置的情况，可以通过使用石膏固定的方式进行焊接。石膏是耐火材料，在此焊接过程中起到定位的作用，同时也能聚集热量，使焊接过程中的热量不容易散发。通常，先将小零碎物件按照需要的位置摆放到橡皮泥上面，然后用纸片做个桶状空心的小容器，罩在摆放小物件的橡皮泥上，最后灌制石膏（石膏需加适量的水配制成浆糊状）。静放数小时（根据石膏量的多少决定），待石膏完全凝固即可将橡皮泥剥去，露出来的物件连接部位可以进行焊接。物件的其他部位被石膏牢牢固定住，不会因为焊点多、焊接过程中受热而使已经焊好的部位脱落，可以放心进行焊接。确定所有的部件都已经焊接完毕后，将热的物件连石膏一起放入冷水中，高温石膏突然遇冷水降温会炸开分散，少量粘在物件上的石膏可用金属刷刷去，或加热后浸入氢氟酸中，反复几次即可去除。

5）折边的物件。以方盒子为例，一般正方形的空心盒子有六个面，其中四个面是由一块长条金属片折三次直角形成的。在金属需要折边的位置先用三角锉刀锉出一个90°的直角，尽量锉得深一些，但不要把金属片磨穿。这样折出的角就很挺，如果没有锉出这样的直角深槽，折出来的边是带弧线的。然后从盒子内部熔化焊药，使之流入折边位置，这样焊接的部位从盒子外边看是没有焊接点的，并且规整。当然，盒子最后两个面就只能通过常规焊接方法进行焊接。宁愿片留长一点，焊接好以后再用锯子去除多余的片。这样既方便焊接，又能使焊接效果更理想，没有缺陷。盒子上下的两个面，可以先取比盒子大一圈的片进行焊接，然后再裁去多余的片。要注意的是，类似方盒子这样焊接后成为密封的形体，必须预先在一个面上打一个小的出气孔，因为在密封环境中的空气受热会膨胀，如果没有出气孔，焊接密封后的方盒子会因为内部气体的膨胀而变形，影响效果。

（5）确定焊接顺序的原则

1）先焊接比较大的物件，再将小物件焊接在大物件上。因为如果先将小物件焊接在大物件上，然后再焊接另一个大物件，所需要的火力比较猛，很容易将已焊好的小物件上的焊料熔化，造成脱落。相反，最后焊小物件所需要的火力比较小，不太容易导致大物件之间的焊料的熔化。

2）先焊接容易固定的物件，再焊接不容易固定的物件。因为先焊接好容易固定的物件后，再进行其他焊接，原先焊好的位置不容易发生变化，后面可以放心操作。如果先焊接不容易固定位置的物件，那么后续焊接操作很容易将原先就不容易固定位置的物件间的焊料熔化，造成脱落。

3）焊接过程中，还特别需要考虑到后面的打磨抛光是否方便，焊接好以后是否会出现死角，即打磨头、抛光头碰不到的地方。如果可能出现死角，就必须在焊接前将物件打磨抛光一遍再进行焊接。

4）对于有些摆好造型以后不方便焊接的物件，可以先将物件焊接在一起再摆造型。

甚至可以多个物件集体焊接、集体摆造型。也有时候需要焊接一个物件，造型一个物件，再焊接一个，再造型一个，其顺序要根据物件造型的需要灵活运用。

（6）首饰焊接过程中的常见问题

1）假焊。假焊就是看似焊接在一起，其实并不牢固，其原因是焊料没有彻底熔化并流入焊缝中，可能只是靠硼砂或焊接膏冷却后的黏合作用而连在一起，但冷却后的硼砂或焊接膏很脆，很容易裂开。也可能是因为在焊接过程中，焊料只是熔化黏附于一块金属上，另一块金属因为受热温度不够，可能并没有焊料黏附，或者只是黏到一点点焊料，搭住一点边，很容易断裂，造成假焊。

2）焊接完毕后，发现物件焊接处存留的焊料呈一个突起的小包状。由于物件的不规则性，后期再用锉刀锉去多余的焊料会比较麻烦，容易锉到物件其他的地方，破坏物件原来的形状。这种情况有可能是焊料放置太多的缘故。所以，焊料也不可放太多，而应该适量，否则影响焊接的效果，增加后期打磨抛光的难度。

3）焊片没有往焊缝里流，而是往物件其他的表面流，这说明焊接的时候火头的方向没有掌握好。焊料是往温度高的地方流，如果物件表面其他地方的温度高于焊接缝区域的温度，焊料就会流向不该去的地方。如果焊接钳的温度较高，并且碰到焊料，焊料就会流到焊接钳上，造成焊接钳与物件焊接在一起的尴尬。

4）将物件打磨抛光后，发现焊接的地方有沙眼。这说明焊接时，焊料没有彻底流入缝隙中，也有可能是焊料刚刚熔化就断火了，焊料没有达到流动性最佳的温度，还有可能是两物件在焊接前没有锉磨到完全贴合密封。

5）焊接处发现凹下去一个坑，破坏了原先的造型。这种情况多是因为焊接时火力太猛。焊接时所用的硼砂或焊接膏有提高金属焊料熔化后流动性的效果，也能提高物件金属本身熔化后的流动性。所以如果火力太猛，可能在硼砂或焊接膏的促进下，造成物件本身熔化、流动，在焊接处形成一个凹坑。这种失误很难弥补或修正。

6）焊接两个大小相差悬殊的物件时，如果火力的大小和方向控制不好，很容易在焊料还没熔化之前已经将小的金属物件熔化掉了。所以要先用火将大的部件烧热，再用火枪均匀地烧烤两个物件。

7）焊接后发现两物件的相对位置发生偏移。焊接过程中，物件在焊药没有冷却凝固前，都是可能发生相对位移的。所以，焊接前的固定位置的工作就显得很重要。并且在焊接时，也可以用焊接钳调整好物件的位置，避免焊接完成后还要再熔化焊药进行重新焊接，不仅费时费力，反复的加热也很容易将金属和焊药烧枯，造成焊接失败。

6. 清洗

焊接后的金属表面通常会有一层黑色氧化层，需要用酸洗的方式去除。通常供应商有配制好的酸洗粉出售，英文常称之为“pickle compound”。如果没有配制好的酸洗粉，也可以用盐酸或硫酸加大量水稀释后代替。酸洗液一定要放置在安全的地方，并且配有排风设备。不可以将头部靠近酸洗液，以免酸性气体伤及呼吸系统。酸洗液要经由专业废液处理部门统一处置，不可随意倒入下水道。配制或使用酸洗液时要注意以下几点：

（1）在配制酸洗液时，一定要先将水加入容器中，再将酸液滴入水中，否则易引起爆炸，酸洗液溅出伤人。

（2）不要将铁制物件放入酸洗液，否则容易产生镀铜层，并使酸液变质，影响清洗效果。

（3）酸洗液最好用玻璃器皿盛放。

7. 安全注意事项

（1）汽油自动熔焊机安全注意事项

1）穿好工作服，戴好口罩。

2）每次加入少量汽油，剩余汽油保存于铁皮油箱，锁在铁皮柜子内。汽油属于高挥发性易燃易爆气体，禁止接触火苗，并注意防范静电。

3）在通风环境好的地方进行焊接，并安装排风扇，吸去焊接过程中产生的有害气体。

4）焊接台周围严禁放置易燃易爆物品，并将灭火器放置于方便拿到的位置。

5）如果启动自动熔焊机时发现汽油直接以液体的状态喷出，切勿点火，否则将引起火灾。若遇到此种情况，立即关闭机器，拆下皮管，将皮管内的汽油倒入汽油瓶内，同时将四处喷溅的汽油用纸吸去，待其挥发后，再启动自动熔焊机进行焊接。

（2）氧气乙炔焊安全注意事项

1）必须对自己做适当的保护，皮制围裙、软薄合手的皮手套、墨镜、帽子、鞋子、防毒面具等都要穿戴齐全。

2）必须要有适当的通风，如果在比较密闭的室内就需要安装排风设备。

3）气瓶都必须被固定好，保证不会被风力吹倒、人力碰倒或被以其他不可预计的方式翻倒。

4）对于操作空间的环境事先要有熟悉的时间，明确氧气瓶、乙炔瓶的位置，周围的水源和灭火器的方位，以及各个出口通道的布局。

5）确定要焊接的金属是安全的。一些金属在高温下会释放有毒气体，应尽量避免焊接此类金属，而是找其他可以替代的安全的金属。如必须焊接此类产毒气金属，就需要戴个能过滤的防毒面具。

6）不要焊接还盛有汽油或酒精等易燃易爆品的容器，因为可能发生剧烈爆炸。

7）密闭的容器受热后内部压力会陡然增加，潜藏着危险。因此焊接密封物件时需要留有小孔，这样可以让内部气压得以缓冲，以免引起爆裂。

技能要求

采用平焊、点焊等常见焊接方式为30～50岁的女性制作一套首饰（耳环、吊坠）

操作准备

线锯、圆口钳、锉刀、砂纸、吊机、打孔机、焊枪、电窑炉等。

设计草图（见图3—146）。

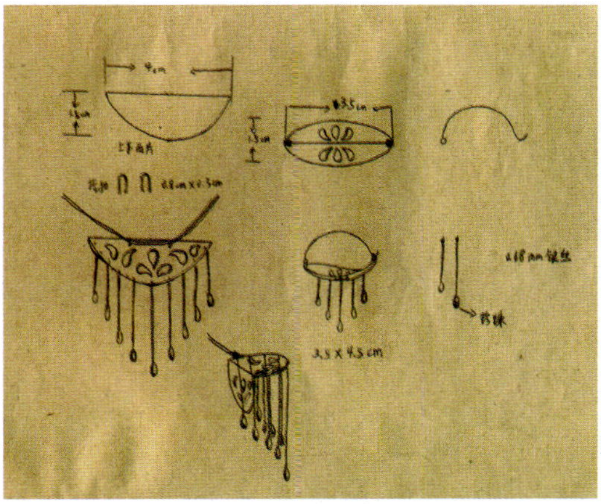

图3—146　焊接实例设计草图

操作步骤

步骤1　压片、裁料、拉丝

将925银板材在压片机上压制成0.8 mm厚的银片，然后在压好的板材上画好两个4 cm×1.5 cm的半圆形，最后用线锯将画好的半圆锯切下来备用，如图3—147、3—148所示。

图3—147　压片

图3—148　裁料

将925银丝料用拉丝板和钳子拉制成0.72 mm的细丝备用，如图3—149所示。

在压片和拉丝过程中要经常退火。

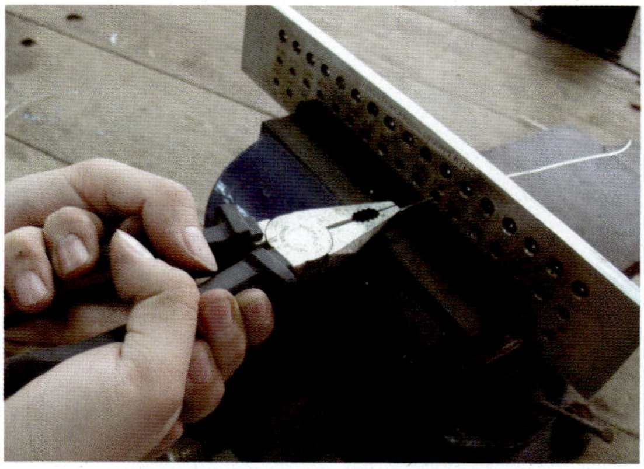

图3—149　拉丝

步骤2　钻孔

按照设计图稿中的图案，将其精确绘制在两片锯切好的半圆形板料上，然后在需要镂空的图形上钻孔，如图3—150所示。同时在大的半圆弧状边缘上等距地钻9个小孔，大小以0.72 mm的银丝能穿过为宜。

由于图形较精小，应使用型号小的钻头，这样也可避免板材过热而烫伤手。

图3—150　钻孔

步骤3　镂空（见图3—151）

将线锯锯丝的一端穿过钻好的孔洞，逐个将需要镂空的部分锯掉，用细锉将镂空得不够完美的地方打磨好。镂空的线条尽量准确圆滑，避免事后打磨的麻烦。

图3—151　镂空

步骤4　焊接

将完全镂空打磨好的两片半圆呈90°用高温焊药平焊在一起，如图3—152所示。然后用中温或低温焊药将吊坠上端的两个拱形搭扣用点焊的方式焊接好，如图3—153所示。

焊接时火焰的温度要掌控好，焊接处的焊药量要适中，避免出现假焊或焊药堆积的情况。

图3—152 平焊

图3—153 点焊

步骤5 熔球与穿丝

将拉好的细丝穿于正中的孔中，用焊枪小火将顶部的细丝熔融成均匀小巧的球点状，大小刚好能卡在孔洞上不使银丝脱落，如图3—154所示。然后裁切下一段长7 cm的银丝，如法炮制，向两端依次裁切6 cm、5 cm、4 cm、3 cm的银丝各两段，如图3—155所示。

由于银丝的长短有严格要求，所以银丝必须在一端的熔融点完成后才能进行测量剪切。

图3—154 熔球

图3—155 穿丝

步骤6 打磨抛光（见图3—156）

倘若工件表层有划痕或不平，应先用粗细砂纸依次将表面打磨平滑，然后在吊机上换各种抛光轮打磨抛光，最后将工件放入抛光机中抛光。

打磨前可先将焊接好的工件放入明矾水中加热至水沸，去除焊接时留下的污迹。

图3—156　穿珠

步骤7　穿珠

在垂坠下的9根银丝下端穿坠上单孔水滴状白色珍珠，如图3—157所示。

最后制作完成的吊坠和耳环如图3—158、3—159所示。

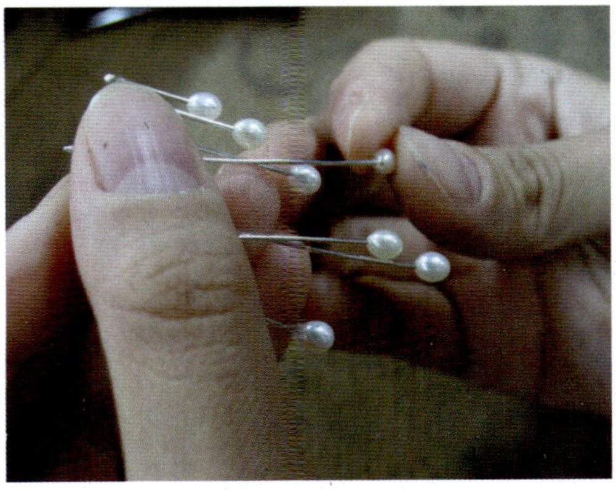

图3—157　穿珠

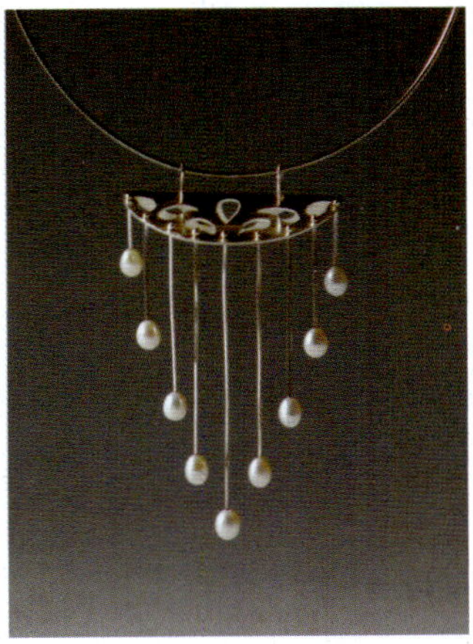

图3—158　“曳•白”吊坠（设计师 张妮）

图3—159　“曳•白”耳环（设计师 张妮）

学习单元2　电铸成型工艺

学习目标

掌握电铸的基本原理和基本操作技术

知识要求

1. 电铸的基本原理与概念

电铸过程实际上是金属离子从阴极持续获得电子而还原为金属原子，然后再凝结成金属晶体的过程。法拉第发现的电解定律是电镀与电铸的基本原理。

2. 电铸与电镀的区别

电铸是利用电沉积方法在模具原型上进行加厚电镀。电铸与电镀原理基本相同，工艺相近，只是因为使用目的不同而具有不同的要求。电镀一般对表面光洁度要求较高，而电铸则一般对铸体表面要求不高。电镀要求镀层与基体结合牢固，而电铸只要求铸体完全复制基体表面形状，因为在电铸结束后还要与基体分离，所以对与基体的结合牢固度没有要求。但是电铸对电铸层的强度有一定要求。

因为常用电铸成型主要是在非金属材料表面上进行，所以以下主要介绍非金属材料表面的电铸工艺。

3. 非金属电铸的原理

电铸的过程是以电作为化学反应的动力，所以电铸的模体就要具备导电的能力。在非金属表面进行电铸就要对非金属材料表面进行金属化处理，使非金属材料表面具备导电性。所以非金属材料电铸的原理就是非金属材料表面金属化的原理。

4. 电铸所需要的设备

图3—160　电铸电源

（1）整流电源（见图3—160）

电源是为电铸提供能量来源，而且要根据需要电铸的对象来选择电源。在电源选择上要注意匹配关系：

1）电压。电铸时的直流电压一般不小于电铸槽最高工作电压的1.1倍。

2）电流。根据电铸件的尺寸来计算电流值。

3）电源波形。电铸电源根据供电和整流方式的不同可以分为单相半波、单相桥式、三相半波、三相全波、周期换向电流、脉冲间歇式电流等。比如要获得细致的金属结晶和表面质量可以选用周期转换电流。

（2）电铸槽（见图3—161、3—162）

图3—161　电铸槽

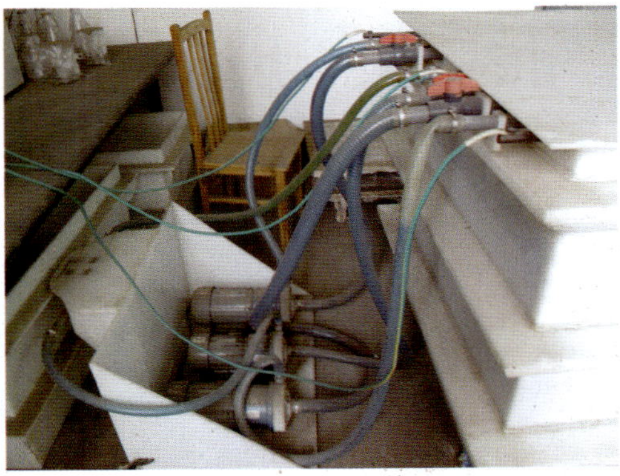

图3—162　电铸液循环泵

因为电铸对象具有较大差异性，所以电铸槽并没有统一的标准，也要根据具体的对象来进行选择。

1）尺寸：电铸对象的尺寸、数量决定了电铸槽的尺寸。

2）形状：从首饰成型的角度来说，一般对电铸槽的形状没有要求。

3）材料：根据电铸液的不同来选择槽体材料。如果使用腐蚀性大、温度高、用量少的电铸液，可以选用陶瓷槽体。如果使用加温不超过60℃的铸液，就可以使用PVC铸槽或玻璃钢铸槽。

（3）电铸用阳极

电铸阳极一般都采用可溶性阳极，并且因为电铸对象的不同而对纯度的要求也不同。艺术品电铸一般为普通电铸，采用纯度为99.9%的铜阳极。这里要注意的是要在阳极表面加阳极套，以防止阳极泥落入铸液内致使电铸对象表面产生刺瘤等问题。

5. 非金属模型的表面处理

当模型材料是非金属材料时，因为其不具备导电属性，所以应该使其表面金属化，使电流可以在需要铸附的形体表面通过，之后才可以进行电铸。

在电铸工艺中可以制作非金属模型的材料除了ABS、环氧树脂、聚酯树脂等塑料材料外还有石膏、石蜡、硅胶、木材等。其中对于耐水性差的材料如石膏、木材等要先用石蜡进行表面封闭之后再进行电铸前的表面处理。

6. 非金属材料表面金属化的方法

（1）物理法

物理法就是使用涂刷、喷涂等方法让可以导电的材料（如石墨粉、铜粉、银粉等）附着在非金属材料表面，使之具有可铸性的方法。其优点是容易操作，缺点是对于表面细节还原并不是很好，所以主要用于对表面要求不高的电铸对象。

（2）化学法

化学法是利用氧化还原原理在非金属材料表面获得金属镀层的方法。

7. 非金属模型表面电铸工艺流程

电铸工艺流程为：表面预处理（整面）→清洗→除油→清洗→敏化→清洗→蒸馏水洗→活化→小电流预镀→正常电流电铸→出槽清洗→去除原型。

因为非金属材料也有很多种类，处理不同的材料其具体程序会有所不同。

技能要求

电铸工艺的过程

操作步骤

步骤1　表面预处理（见图3—163）

在进行电铸以前首先要对模体表面进行检查，如果发现毛刺等会影响最后成型效果的因素应当予以剔除。然后消除非金属材料在成型过程中所产生的内应力，因为内应力的存在是电铸中产生气泡的原因之一。一般用于电铸的非金属材料，如塑料等的软化温度都比较低，一般在80℃左右，在去除内应力时可以采用恒温烘箱烘烤8 h的方法，或者也可以在80℃的水中浸泡。如果是石膏等非耐水材料，表面要用蜡质材料做防水处理。

图3—163　表面预处理

步骤2　除油

除油是为了除去模型在加工过程中出现的油污染或脱模剂残留，为非金属材料表面亲水处理打下基础。除油时应该注意非金属材料的物理化学性质，不要因为除油而破坏了模体表面。

对于塑料表面可以用合成洗涤剂除油，如用洗衣粉在60℃以下进行刷洗。对于表面有硅油、蜂蜡等有机油污的模体，需要用有机溶剂如丙酮、甲醇、乙醇等进行清理。电镀或者电铸后不取出母模时，应使用有机溶剂对整个模体进行涂刷，这就是对非金属材料表面的有机溶剂化学整理，简称“整面”。不同的非金属材料使用的整面溶剂也有所不同。

以丙酮作为整面溶剂的非金属材料有：ABS塑料、聚烯烃、聚氯乙烯、氟塑料、聚酯、环氧树脂、聚甲醛、酚基塑料。

以乙醇作为整面溶剂的非金属材料有：聚苯乙烯、苯乙烯共聚物。

以甲醇作为整面溶剂的非金属材料有：聚碳酸酯、聚丙烯酸酯、聚甲基丙烯酸甲酯、氨基塑料。

整面有对模体表面进行预粗化的作用，从而达到模体亲水的效果。如果经过除油处理之后用水冲洗，发现有不亲水的地方，要重新处理。

步骤3　敏化（见图3—164）

敏化的作用是在非金属材料表面吸附一层具有化学还原作用的还原剂来形成催化中心，为活化工序做准备。目前最适合的敏化剂还只有氯化亚锡。氯化亚锡的特点是在很宽的范围内，在非金属材料表面都有一个恒定的吸附值，比如从1 g/L到200 g/L都可以获得敏化效果。因为二价锡在表面的吸附过程并不是发生在敏化溶液中，而是在用水清洗表面时产生微溶性的结果。这就决定了敏化过程中"清洗"的重要性。

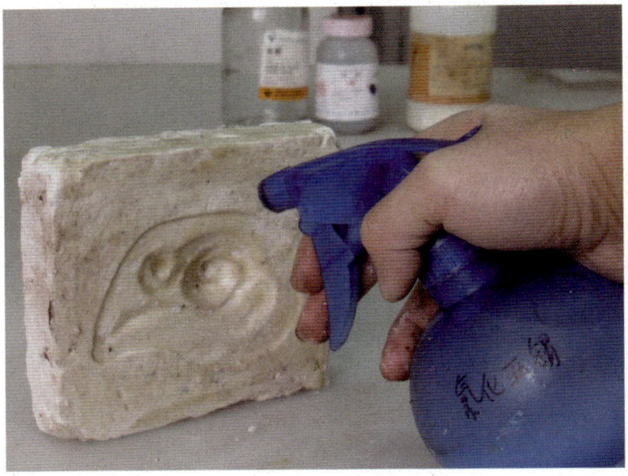

图3—164　敏化

非金属材料敏化工艺如下：先将盐酸溶于水中（每升水中40 mL盐酸），再将氯化亚锡溶于盐酸水溶液中（每升溶液中10 g氯化亚锡）配制成敏化液，将其均匀喷涂于电铸模体表面，然后进行水洗（如果后面的活化工序使用的是银盐就要用蒸馏水清洗）。

步骤4　活化（见图3—165）

活化就是在涂有敏化液的非金属材料表面遇到含有活化金属盐的活化液时，这些活化金属离子与吸附在表面的锡离子发生电子交换，使表面的银或钯金属盐还原成银或钯，从而形成非金属材料表面的导电金属层。

活化工艺如下：先将硝酸银（$AgNO_3$）放入蒸馏水中（每升水放3～5 g），然后滴加氨水使溶液透明，反应5～10 min后即可喷涂在需要活化的模型表面。多余的溶液要加盖避光保存。

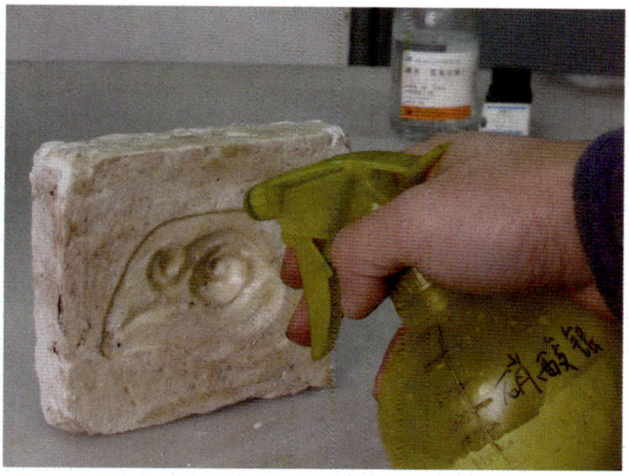

图3—165　活化

步骤5　小电流预镀（见图3—166）

小电流预镀的目的是检查模型表面的金属还原情况，通常与正常电流电铸在同一个铸槽内进行，只需要调整电流大小即可。在小电流预镀一段时间之后可以检查金属还原情况，但是要注意的是检查时要带电将模型提出电铸液检查，检查完毕后再带电下槽。这样做是为了防止电铸分层。如果发现有小局部金属没有还原，在对模体表面精度要求不高的前提下可以用石墨涂抹修补后再下槽电铸。如果对精度要求较高或者有大面积金属没有还原，就要出槽对没有还原的地方重新活化。

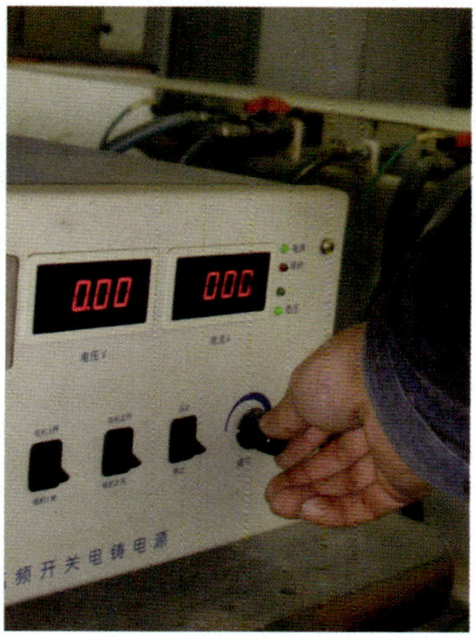

图3—166　小电流预镀

步骤6　正常电流电铸

根据所使用的电源类型和电铸对象来设置电铸电流进行电铸，根据金属沉积速度和需要的厚度来设置时间长度。

步骤7　电铸完成出槽清洗（见图3—167）

图3—167　出槽清洗

步骤8　取下非金属材料原型（见图3—168）

图3—168　取下非金属材料原型

图3—169　最后完成品

最后完成品如图3—169所示。

注意事项

1．电镀电源与电镀槽保持水平距离1 m以上，每隔2～3天清理一次电源入风口的灰尘沉积，使通风口保持通畅，以利于电源散热。每个月要打开电源机盖进行一次电源内部清扫。

2．注意电铸液的pH值和杂质。当电铸液的pH值低于10时铜的还原就会停止，一般使用稀释后的酸或碱进行调整，将电铸液的pH值维持在9比较好。电铸液的杂质不仅影响到电铸对象的还原，而且某些杂质（如金属化过程中的活化液）进入电铸液中就会造成电铸液的失效。

3. 铜可以抑制酶的作用，并有溶血性作用，从而引起脑部疾病、尿血、腹痛和意识不清等，而且对于水生物有较大毒性，每升水中含有0.1 mg铜就可致使鱼类死亡。所以应该将电铸废液交给专业回收部门进行处置。

学习单元3　珐琅首饰的制作

学习目标

1. 了解烧制珐琅的基本流程
2. 掌握简单的珐琅手版制作

知识要求

1. 珐琅材料的特性

珐琅是拥有几千年历史的传统首饰工艺材料，在明朝传入我国，并形成闻名世界的景泰蓝工艺。珐琅在材质上接近于玻璃料，将其添加在金属上并在高温下加热可以熔结在金属表面，形成具有玻璃光泽的彩色釉面。珐琅料有透明和不透明的，有粉末状的、块状的、线状的、水状的，需根据所选用工艺的不同来选择，国内景泰蓝用的就是粉料。烧制珐琅要非常耐心，需要长期的实践经验来掌握其中的要领，每一个步骤都要谨慎小心，各种细节直接影响到最后的呈色效果。珐琅胎体可以是紫铜、银或金。

2. 珐琅淘洗和上料的基本方法

珐琅料粉在生产或存放过程中会掺杂入一些灰尘或异物，在使用前必须淘洗干净，这样才不会影响到在金属上的呈色。一般淘洗的方法类似于淘米，将适量的珐琅粉放入透明容器中，加入洁净的水并进行搅拌，待浮动的粉料基本沉淀下来，再轻轻滤掉已经浑浊的水，反复几次，直到容器中的水变得澄清，说明粉料已基本淘洗干净。

珐琅的上料方式主要分为筛洒和湿涂两种。筛洒法是将干的珐琅粉料用各种目数的筛子均匀洒在金属表面的方式，特点是均匀细腻，特别适合多层珐琅的烧制。湿涂法是将珐琅粉混合少量水，用小钩线毛笔或珐琅专用小铲均匀涂抹在金属表面，利用水的吸附性将珐琅粉附着在金属上。湿涂法比较简单，但施涂的珐琅料厚薄和均匀程度比较难把握。

3. 珐琅烧结过程中温度的基本掌控技巧

大部分的珐琅料在700℃左右即可熔化，高温与低温釉料的熔化温度通常与普通釉料上下相差10℃左右。一般来讲，铜胎上的温度要烧到约750℃，而金胎或银胎要烧到700℃左右。通常情况下，烧制小件首饰所需时间在2～4 min，但要时常观察，当釉面发出光泽后应马上取出。

在珐琅烧制过程中，最难掌控的就是温度，由于珐琅的烧制时间较短，通常只需要几分钟，因此需要制作者通过经验感知，在最短的时间内判断出工件进炉和出炉的时间，有时候几秒钟的差异都会导致结果的微妙变化。另外，珐琅的烧制温度没有精确的数值标准，因为金属的种类、珐琅料的成分或颜色、窑炉的状况、工件在炉内摆放的位置甚至天气情况都会影响熔融烧结的温度变化，因此没有统一的标准可遵循，这是珐琅工艺的难点，也是它的迷人之处。

通过对温度的掌控，可以制造出丰富的表面肌理效果，增加首饰的表现力，如砂糖效果（烧制温度略低于熔融温度）、橘皮效果（烧制温度略高于熔融温度）等。

技能要求

珐琅的烧制技法

操作准备

线锯、圆口钳、锉刀、砂纸、吊机、打孔机、焊枪、电窑炉等。

设计草图（见图3—170）。

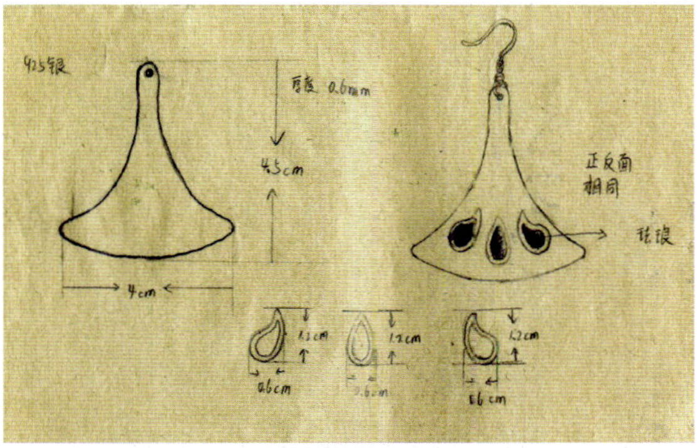

图3—170　适合青年女性佩戴的珐琅耳坠草图

操作步骤

步骤1　依据设计稿在厚0.6 mm的925银板上精确绘制出耳坠各部件的形状（见图3—171）

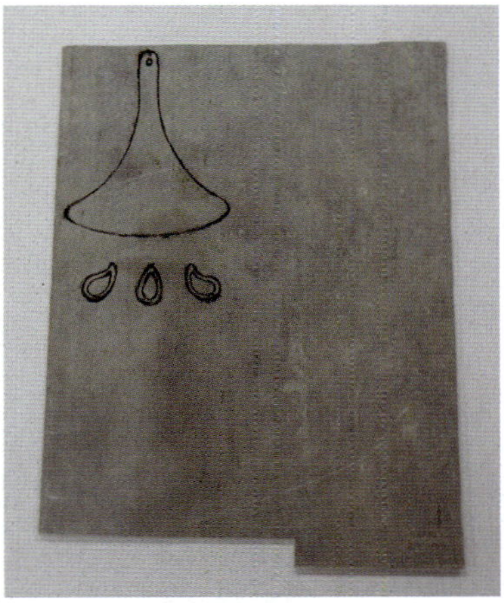

图3—171　在板材上精确绘制裁切的图形

步骤2　用线锯在银板上裁切出各部件的形状，备用（见图3—172）

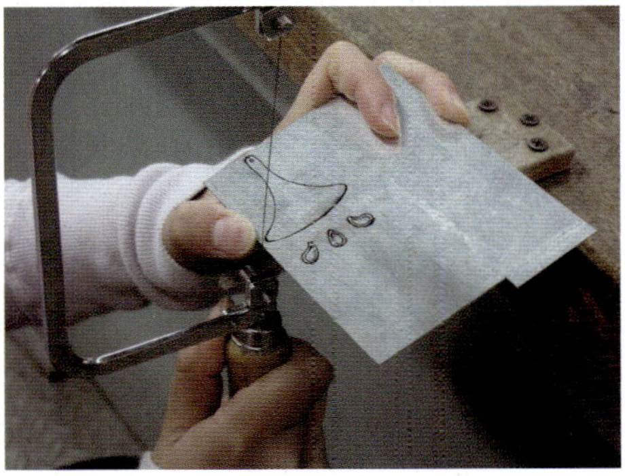

图3—172　用线锯裁切图形

步骤3　将锯裁好的图形按设计稿用高温焊药焊接在一起（见图3—173）

图3—173　焊接各部件

步骤4　将焊好的工件用砂纸仔细地打磨，不残留任何氧化层或焊药（见图3—174）

步骤5　将打磨好的工件在流动的清水下用洗碗巾和洗洁精充分清洗，去除油迹和灰尘，直到水迹能光滑流过工件表面（见图3—175）

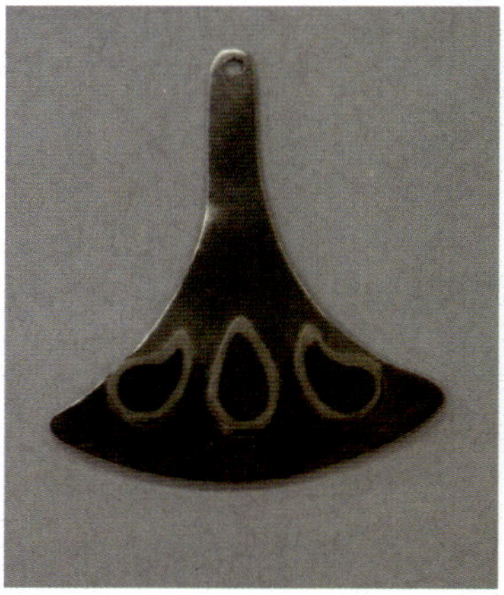

图3—174　打磨好的工件

图3—175　清洗工件

步骤6　**淘洗珐琅料**（见图3—176）

选取月银白色的珐琅料，放入一次性塑料杯中，倒入清水搅动，待珐琅粉沉淀至杯底时，缓缓倒掉上层的污水，如此反复多次淘洗，直至倒入的清水搅动后仍澄清，说明珐琅粉已淘洗干净。

步骤7　**施涂珐琅料**（见图3—177）

过滤掉多余的水分，用珐琅铲将珐琅料均匀地填涂在工件的水滴图形中。

图3—176　淘洗珐琅料

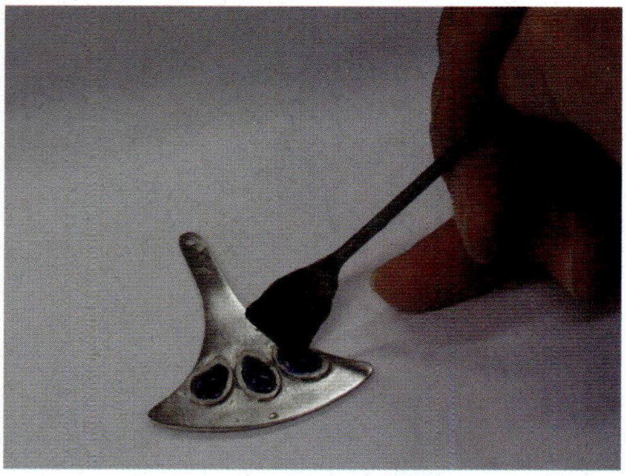

图3—177　施涂珐琅料

步骤8　将上好珐琅料的工件（见图3—178）**放在干净的焊板上，晾干珐琅料中的水分**

步骤9　工件入炉焙烧（见图3—179）

将窑炉的温度设定在790 ℃，达到此温度后打开炉门，用钢铲将焊板和工件一起快速放入炉中，关上炉门。

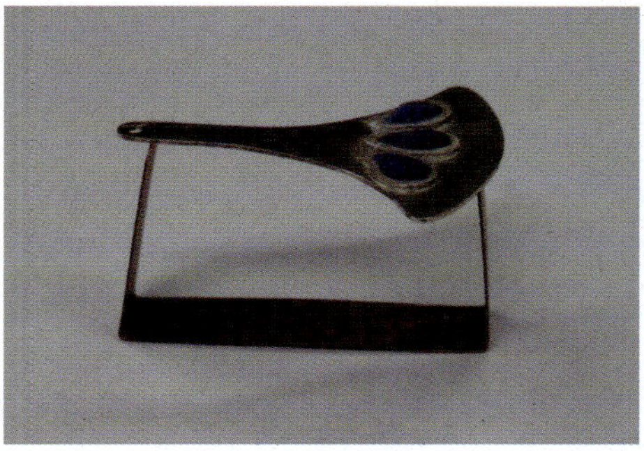

图3—178　上好珐琅料的工件

图3—179　工件入炉焙烧

步骤10　烧结完毕后取出焊板

在炉边等候几分钟，并随时通过观测孔观察炉内珐琅料的熔融情况，当看到釉料呈樱桃红色并表面有亮的反光时，说明珐琅料已烧结光滑，打开炉门用钢铲将焊板取出，放在炉顶慢慢降温，要注意骤然急速的降温很容易导致釉面的崩裂。焙烧好的工件如图3—180所示。

步骤11　打磨抛光

将没有烧结珐琅的金属表面用吊机细致地打磨抛光，注意避开珐琅表面，以免刮花釉面。打磨后的成品如图3—181所示。

图3—180　焙烧好的工件

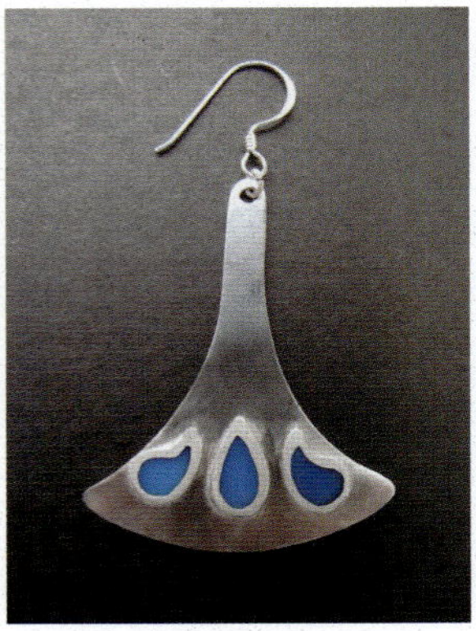

图3—181　打磨后的成品效果

注意事项

1．烧制珐琅的首饰工件在焊接时尽量使用高温焊药，以免工件在高温焙烧下脱焊损毁。

2．烧珐琅对工件的清洁度要求较高，清洁后不要用手触碰金属表面，以免沾上皮肤上的油脂，影响珐琅料的烧结。

3．珐琅烧结的温度是千变万化的，窑炉的设置、工件的大小、珐琅料的类型等因素都会对其产生影响，因此适时地观察烧结情况尤为重要，需要反复烧制、总结经验才能很好地掌控烧结温度。

4．经验不足时，烧制经常会出现砂眼厚薄不均匀或釉面裂纹等情况，此时可以采取一些补救措施并重新进行焙烧，需要注意的是在重新烧制前工件也要清洁干净。

思考题

1. 如何设计个性化首饰？
2. 在艺术首饰中的创新思维有哪些？分别举例说明。
3. 首饰效果图表现要注意哪几点？
4. 简述绘制首饰效果图时个人设计理念的有效传达及表现技法的个人探索。
5. 简述电铸与电镀的区别。
6. 简述电铸的工艺流程。

7. 烧制珐琅各步骤所需要注意的事项是什么？

8. 平焊和点焊分别适用于首饰制作时的哪种形态？

第四章　展示策划设计

第1节　撰写创意说明及材料与工艺说明

学习单元1　运用文字表达首饰设计的个性化和艺术内涵

学习目标

能够根据对首饰产品的定位熟练撰写创意说明

知识要求

作为二级首饰设计师，需要具备首饰品牌的包装能力。

1. 设计创意的表达方式

首饰包装的设计创意表达包括两个方面：一是文案表达，其内容主要是创意的切入点以及实施计划；二是图形表达，就是将构思形象化、可视化。

文案表达的写作要求有两点：一是要清晰，清晰是设计说明的基本品质，设计师的工作之一就是对产品信息进行整理，通过准确的语言组织让设计说明清晰易懂；二是独创，即用崭新的方法表现信息，具有独创的说明表现形式，以便引发人们的兴趣，进而接受产品。

图形表达是创意的关键，要充分发挥想象力，进行多种构成手法与表现形式的尝试，绘制一定数量的设计草图，以便进行多角度比较并确定最好的方案。一个创意的成功实施，需要其图形设计符合人们的审美需求，能带给人们美好而健康的感受，既能唤起个人情感的体验，也能引起美好的遐想和回忆。

设计师借用文字及图形来传递商品信息时，最关键的一点是准确达意。无论是采用具象的图片来说明商品的实际情况，还是运用绘画手段来夸张商品特性，抑或是用抽象的视觉符号去激发消费者的情绪，都要明确知道对商品品质的正确导向才是文字描述及图形设计的关键。

需要说明的一点是，中国的书法文字具有丰富的表现力和艺术感染力，不仅能从文字意义上阐述首饰内涵，并且从文字造型上也能够充分体现商品的地域文化特色。因此包装上的字体也是设计及表达的重点所在，设计师应充分考虑商品本身的特征，并注意与其他设计要素相协调。书法一向被视为中国的国粹，从文化传承与发展的角度来看，设计师在这方面应该增强一些主动性，开创一些文字设计的多元化面貌。

对商品信息的准确表达当然还包括所选用图形的真实性、可信度，这不仅有利于培养消费者对该商品的信赖感，也有利于培养对该品牌的忠诚度。

案例：环保主题的实验性首饰作品——软木手镯（美国设计师Donna Piacenza）。

文案表达：以天然软木作为耐磨材料；100%可回收和循环再造；灵活，防水；软木材料是对珠宝首饰新资源的探索；每一件作品用同一材料的软木块镶嵌存储，佩戴时从上面切断摘下；男女都可佩戴。

图形表达：如图4—1、4—2、4—3、4—4所示。

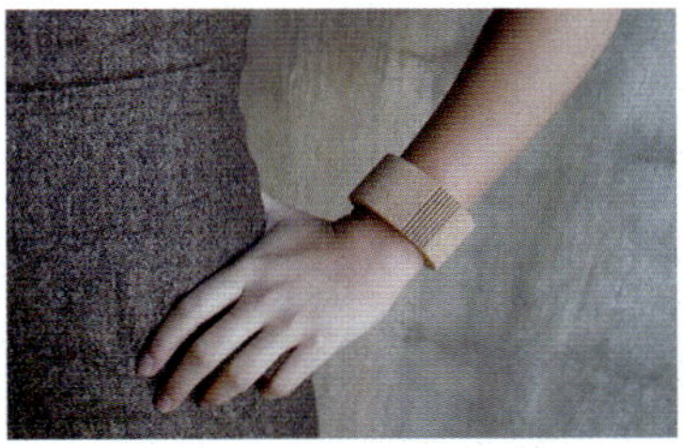

图4—1　女士佩戴效果

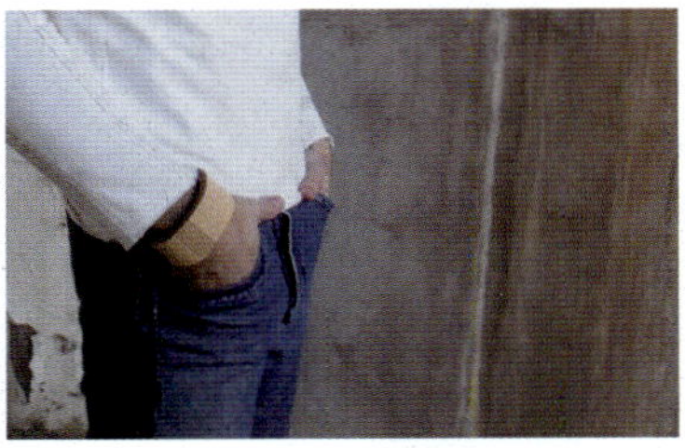

图4—2　男士佩戴效果

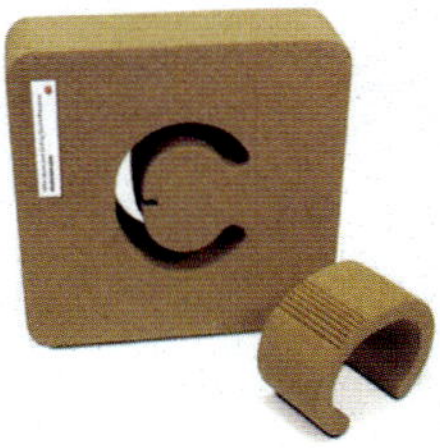

图4—3　包装效果

图4—4　材质细节展示

2. 创意中抽象艺术的表现形式

首饰品牌包装创意中，抽象艺术往往表现在标志设计及品牌名的字体设计上。

为使品牌产生极强的形式感，首饰品牌的标志设计常选用抽象或有吉祥寓意的装饰形象。在中国悠久的历史文化背景下，这样的装饰形象能带给人们愉悦与遐想，增强首饰品牌的感染力。

品牌名的字体设计也至关重要，汉字字体本身已经具备形象美感，但若以表达品牌特性为目的，还要对文字加以特殊的艺术处理，在符合品牌定位、设计特点的前提下，把字体设计得个性鲜明，形式感及美感兼而有之。此外，推出首饰品牌时的招贴上文字要少，并且要进行很好的编排组合，其目的之一是将主题文字安排在最佳视阈区；二是处理好主、次文字的关系，使消费者的视线沿着自然合理、通顺畅达的流程或节奏进行阅读，达到赏心悦目的视觉效果。

技能要求

运用文字表达设计的个性化和艺术内涵（以图文形式表现）

案例　首饰品牌“素”的字体设计

素，是创立于上海的首饰品牌。寓意以素为本，大朴大雅，推崇自然的优雅和低调的矜贵，重拾生活中被人们遗忘的真朴本性（见图4—5）。

图4—5　“素”的字体设计

操作步骤

步骤1　文字分析

字体设计中将“素”设计为意象图形，即从人的主观意识出发，利用汉字为素材，以写意、寓意的形式构成图形。意象图形有形无像，讲究意境，不受客观自然的物象形态和色彩的局限，采用夸张、变形、比喻、象征等方法，给人以宁静素雅、赏心悦目的感受。

步骤2　原创性分析

在本案例的字体设计中，最具原创性的是对文字图形的意象解构，通过把“素”字与拼音组合，达到图像上的视觉美感，并传达了“素”字在人们心理上的意象，引发了关于“朴素”“素净”“素雅”的联想。

意象图形的应用可以说是一种“隐意传达”。英国包装设计师James曾说：“包装不是以呐喊的方式，而是以吸引力的劝诱方式，使消费者对商品形成一个永久的印象——难忘的形象。”

步骤3　对品牌释意的分析

以“素”作为创意赋予产品生命，将中式美学元素融入现代首饰设计，具有鲜明的形式感及艺术特征。设计师将质地温润的纯银与不同的材质相结合，创作出全新的首饰风格。无论是古典风雅，还是摩登时尚，都赋予其独树一帜的品牌诉说意义，以无尽创意的精神，将源自生活的思想火花融入每件作品中。“素”的特质是恒久淡定，不论时光变迁还是潮流翻新，始终坚持自我，是繁华落幕、沉淀之后的去芜存真。内外一致的方式，平和自在的态度，是“素”倡导的生活哲学。

学习单元2　运用文字表达个性意图与个性材料的关系

学习目标

能够对首饰品牌某一系列产品进行创意及材料的诠释

知识要求

首饰品牌在推出某一系列产品时，产品主题和其选用的材料是密切相关的。设计师在对系列首饰进行包装推广时，首先要准确把握这一系列的名称，用文字传达主题，同时配合材料说明以便深入主题。在向顾客推广时，创意和材料的文字表达是最重要的，它使顾客理解并欣赏主题，有助于顾客对品牌的认同，增强购买欲望。

技能要求

设计意图、个性材料的文字表达

案例　首饰品牌“素”和首饰品牌“老凤祥”合作的项目——沉香

创意说明：在和老凤祥的“沉香”合作项目中，材料上选用红木和银结合，设计师通过古朴的木质与具有现代感的纯银表达了在古典的气韵中寻找现代感的创作意图。

操作步骤

步骤1　传达设计理念（见图4—6）

在招贴中，设计师需要通过手绘效果图结合材料及文字表达创意，手绘的表现手法要与商品的个性特征协调一致，使消费者在轻松自如的气氛中掌握商品的准确信息，准确传达出品牌的原创性设计理念。

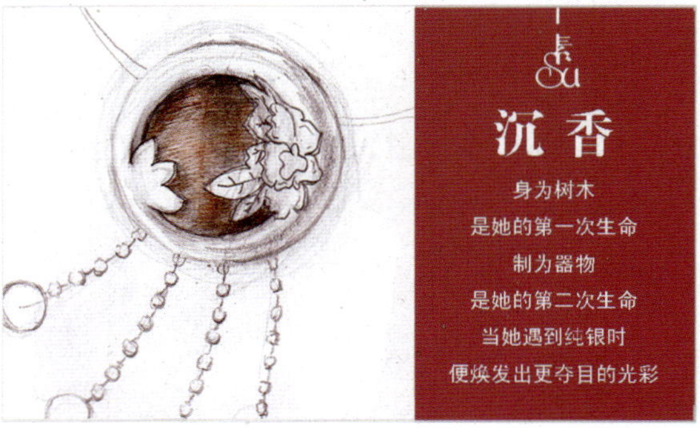

图4—6　沉香系列招贴

步骤2　进行材质说明（见图4—7）

强调所使用的是木质材料，未经打磨的木头与经过打磨后的木头形成了对比，在首饰中追求材料本身肌理形成的美感。

图4—7　沉香系列——吊坠的宣传招贴

步骤3　进行整体展示（见图4—8）

整体展示时使用木、麻等天然材料制成的壁纸作为隔断，能传达完整的环保理念。

图4—8　沉香系列整体展示

学习单元3　运用文字表达设计对工艺的特殊要求

学习目标

熟悉工艺说明的撰写方式

知识要求

在将首饰产品推向市场而进行宣传包装时，撰写工艺说明有几个原则：表述准确；简单易懂；突出主要工艺或代表性工艺；配合主题，语言流畅。

技能要求

撰写工艺说明

操作步骤

步骤1　用文字表达设计师对生产工艺的要求

关于生产工艺的文字要准确，强调技法传承处或技术创新点。例如“沉香”系列中，沉香是一种可做熏香料的木材，使用历史久远，被认为具有安神等药用价值，可以说是凝结着中国传统文化的产物，带有悠远的人文情节。这一主题的系列作品，材料由木和银构成，木质材料部分形式简约，突出了木质细腻的自然纹理；银质材料部分强调錾刻工艺，复杂的錾刻工艺开始于唐朝，是古老工艺的延续，在文字说明中突出强调了錾刻工艺的传承。设计师在宣传推广中，突出了传统工艺的使用，这和“沉香”这一系列传承传统文化的主题是一致的，具体如图4—9所示。

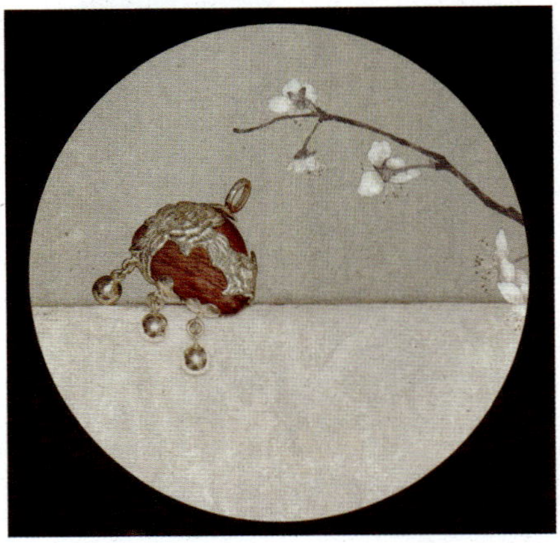

图4—9　沉香系列——宣传册设计

步骤2　用文字表达生产工艺所激发的人文情感

生产工艺能够激发人文情感上的共鸣。以“海上花”系列首饰为例，许多文学、电影作品都描绘了上海开埠之初的繁华，当时的新女性形象更是令人怀念，“海上花”这一名词似乎就代表了那个时代的女性。作品使用丝织品与银材料结合，丝绸材料的柔软、明艳与细腻成为女性的隐喻。在这一系列的宣传推广中大量运用丝织品作为背景，以表达主题中的女性关怀，追忆海派文化中温婉时尚的女性形象，具体如图4—10、4—11、4—12、4—13所示。

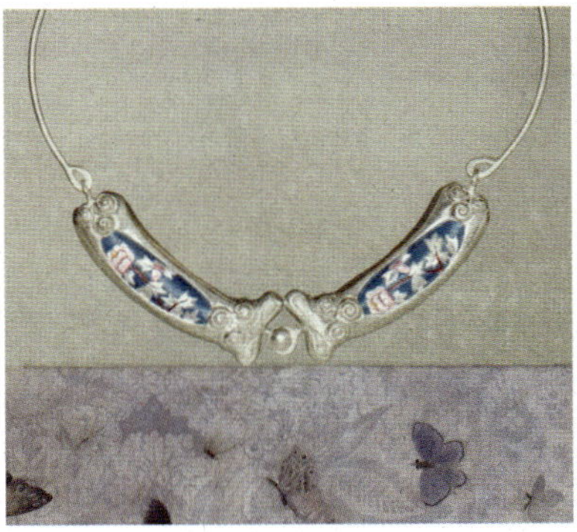

图4—10　海上花系列——项饰

图4—11　海上花系列——手镯

图4—12 海上花系列——吊坠

图4—13 海上花系列——戒指

第2节 包装设计

学习单元1 针对产品的特点进行包装风格设计

学习目标

掌握首饰包装设计原理和品牌整体设计原理

知识要求

1. 首饰包装设计原理

(1) 了解首饰产品本身的特性

如首饰产品的材质、体积、强度、抗氧化性以及保养方法等。

(2) 了解首饰产品的销售方式

常见的销售方式是店铺销售、邮购销售以及电视直销等。不同的销售方式对包装的要求也不相同。

(3) 了解首饰产品相关费用

包括首饰产品的售价、产品的包装及广告的预算等，这些费用决定包装材料和方法。

(4) 了解首饰产品包装的背景

一是首饰品牌对包装设计的要求；二是该企业有无CI计划，要掌握企业识别的有关规定；三是明确该产品是新产品还是换代产品，了解所属公司旗下同类产品的包装形式等。

（5）了解同类产品的包装设计

从设计的角度，对其他首饰品牌产品的包装材料、包装造型、包装结构、包装色彩、包装图形以及包装文字等进行分析，分析其他首饰品牌产品的货架效果，了解它们的销售情况。

2. 首饰品牌与商标设计

首饰品牌标识系统中最重要的是商标。商标即品牌的商业性标志，是以精练的艺术形象来表达一定含义的图形或文字的视觉符号，它不仅为人们提供了识别及表达的方便，而且具有沟通思想、传达明确商品信息的作用。因此设计师通过对商标的合理表达来塑造品牌，为营销沟通提供更为直接、更为有效的途径。

商标要能体现企业精神和商品性质，有超前、时尚的个性和简明、易辨的效果。

对于大部分包装来说，商标所占面积较小，为使商标给人以醒目之感，要选择适当而显著的位置处理商标，使商标具备有效传达的能力。

商标的表现手法最好能与包装设计的风格保持协调，特别是商标的色彩与包装的主色调最好能达成和谐统一。这一点要在企业整体形象策划之初就应该有计划、有目的地进行。

技能要求

进行首饰品牌的包装设计及品牌整体设计

操作步骤

步骤1　市场调研

进行品牌的整体设计策划时，需要进行市场调研，对首饰品牌进行定位。设计师听取商品代理人、分销商以及消费者的意见，了解商品包装设计的流行现状与发展趋势，并以此作为设计师评估的准则，总结归纳出最受欢迎的样式。

设计师还需要了解首饰品牌中不同产品面对的对象，了解产品市场需求，根据市场需求发掘出首饰品牌的目标消费群，从而拟订品牌定位与包装风格，并预测出品牌潜在消费群的规模以及新品的推出时间。

步骤2　制订品牌包装计划书

品牌包装计划书包括：重点资料与条件的分析和设定；设计意图和设计目标；表达设计意图的构思方案；经费预算明细及设计进度。

案例——“海上花”系列首饰的包装设计（见图4—14、4—15）

图4—14　海上花系列——包装设计1

图4—15　海上花系列——包装设计2

“海上花”系列首饰在包装上用褐色来衬托丝织品和银材料，形成现代与怀旧的对比。天地盖式的包装盒简单大方，标志明显但不占据视觉主要位置，整体处理突出个性化。

包装设计的首要功能是服务于产品，无论怎样的设计造型都应简洁、符合人体工学的结构，构成一种对产品安全、对使用者方便的包装。有时设计者会一味追求新颖的材料和新奇的造型，而忘记包装的基本要求是安全可靠和方便，这是设计中的大忌。艺术家与设计师形成的个人风格本无可厚非，可一旦为了迎合公众的猎奇心理，而大玩视觉噱头，所形成的“风格”只是一种视觉污染。

学习单元2　根据包装的设计风格选择包装材料及工艺

学习目标

了解包装材料及包装工艺方面的知识

知识要求

1. 包装材料

自然界中具有包装性质的东西很多，例如：蛋，被蛋壳围拢包裹起来，成为力学中具有最小体积与最大抗力的椭圆造型，是公认的最美的自然造型之一；橘子，被橘子皮围拢包裹起来，橘子皮具有外包装形态，内瓣是包含果汁的果粒，特殊的外形与鲜美的色彩则具识别与自我推销的功能，是大自然创造的最具魅力的包装。现代包装设计师从自然界中得到很多启发。

19世纪的包装风格是感情奔放、色彩绚丽，被称作维多利亚时代风格。20世纪的包装具有简单明快、高度功能化、非人情化的风格特点，适应了商品经济时代快速发展的需求。在20世纪七八十年代，回收再利用的包装概念应运而生。20世纪90年代后，科技的开发催生了新的市场秩序，随着商品流通频率的增加，环境的负荷量也随之增大，环境保护成为全球关注的热点，包装设计被披上了浓重的“环保”色彩。

环保是现代包装材料的“主题”，提倡节省天然资源和减少资源消耗，要求包装符合4R标准：Reduce（减少材料用量），Refill（增加大容器再填充量），Recycle（回收循环使用），Recover（能量再生）。这些相关的政策迎合了今后包装设计的新导向。

包装设计不仅要适应基本的功能性，还要从人的生理及心理舒适协调的角度出发，努力追求人—机—环境系统的平衡与一致，注重包装结构、色彩、文字、图形以及编排形式等视觉传达要素与消费者的亲和关系，从而使人获得生理上的舒适感和心理上的愉悦感。这是现代包装设计的必然趋势。

2. 包装工艺

包装工艺包括定稿、正稿制作、打样校正三个阶段。

（1）定稿

定稿是指设计师与委托人一起研讨、分析众多的设计草图，并测试初选方案的货架展示效果，以及征求部分消费者的意见，在共同协商中确定最佳的设计方案。

（2）正稿制作

正稿制作是印前设计稿的细化过程。在数码时代，计算机的参与已将这一过程变得轻松、快捷。

（3）打样校正

有了计算机设计稿并不代表整个设计过程的完成，因为包装的最后成型还包括出胶片和印刷。为了使所设计的效果能更真实、准确地再现，还要对打样稿做校正，如色彩修正、局部调整、品质监制等，以确保包装成品最终达到设计要求。

技能要求

根据产品选择纸质包装材料并掌握其基本设计方法

操作步骤

步骤1　包装的分类设计

对一件（种）首饰产品的包装进行分类，可分为个包装、内包装、外包装。

个包装一般较小，是指与产品直接接触的基本包装，依性质考虑氧化、冲击、侵蚀等因素。内包装大小适中，是第二层包装，使用时可丢弃，主要功能是视觉传达，在销售时能提高商品的商业价值。外包装一般较大，是第三层包装，即运输包装。

首饰产品大都选用纸作为包装材料。纸质材料具有价格低廉、造型多样、工艺简便、利于运输等特点，成为包装设计中最常用的材料。随着全球环保意识的提高，多数国家接受了“绿色包装”的观念，提倡对森林资源的保护，推广使用可再生纸包装已成为一种趋势，如图4—16所示。

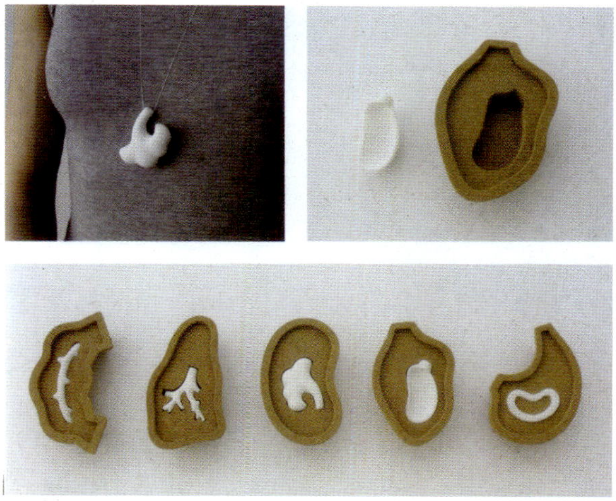

图4—16　使用再生材料的嵌入式首饰包装设计

按照结构，常用的纸质材料包装大体可分为裱糊盒（硬纸盒）和折叠盒两种。裱糊盒是用黄板纸、铜版纸、胶版纸等纸张裱糊而成；折叠盒是用白板纸、玻璃卡纸等加工一次模切成型。常用的类型有：

（1）天叩地式纸盒。由盒盖与盒底两部分组成，纸盒的盖与底高度相同，盒内装入商品后，将盒盖叩罩盒底部，商品不易脱出。

（2）帽盖式纸盒。类似天叩地式，盒盖的高度比盒底低，易开启。

（3）手提式纸盒。一般用小瓦楞铜版纸，并附摇盖，可与盖舌扣紧，便于手提，形状有长、扁等，适于装较大、较重的首饰产品。

（4）抽屉式纸盒。盒体多为扁方形，类似火柴盒。盒的两端都能开启。

（5）摇盖式纸盒。盒身两侧有两个小摇盖，盒的外摇盖大于盒身宽度，封口时将大于盒宽的部分插入盒内。有的外摇盖做成带锁扣的，有的小摇盖做成咬插式的。

（6）联体式纸盒。这一类包装利用整纸制成，具有两个或更多的容物空间，这是由摇盖式纸盒派生出的新形态。

步骤2　对包装的形式把握

设计师在用纸盒进行首饰包装设计时，需要熟练掌握依据以下原则来选择纸盒的形式：

（1）根据产品的特性要解决好抗震、缓冲等问题。

（2）根据产品的形态与重量决定选材与不同形式的容器结构。

（3）根据环保要求，对低塑复合材料应慎重使用。

（4）根据力学原理，提高纸盒的抗压强度。

（5）根据展示要求，纸盒要达到方便顾客选购、促进销售的目的。

（6）根据VI策划，设计独特的色彩及造型，以达到塑造良好品牌形象的目的，如图4—17、4—18所示。

（7）根据节约的原则，要求外形简洁，适于集装，节约空间，合理套裁，提高纸张利用率。

图4—17　手提式包装盒1

图4—18　手提式包装盒2

步骤3　包装的视觉表达

包装设计是主观和客观共同作用的结果，是在自由和不自由之间进行的。包装设计欣赏不能超越自身已有经验和所处环境客观条件的限制，优秀设计者正是在掌握客观规律基础上得到了完全的自由，一种想象和创造的自由。包装设计主要表现为客观因素，艺术创意主要表现为主观因素，包装设计师应该积极主动地掌握现有的各种技术规律，注重技术和艺术紧密结合，这样才能穷尽技术之长，实现艺术想象，创造高质量的包装设计。

第3节　展示设计

学习单元1　设计效果图并利用效果图进行展示设计

学习目标

掌握展示设计的原理和过程

知识要求

1. 展示设计原理

展示设计就是对展示的空间环境、展具、视觉传达方式或手段以及光环境，做出完善的规划设计，使该环境条件有利于观众接受信息。设计师要懂得展示专业的观念、技术手段和艺术手法，在实践中因地制宜，积累大量经验，才能做好设计。

在首饰产品的展示环境中，设计师运用造型、灯光、色彩、文字、背景音乐、电子媒体等手段使传统的展示内涵得以极大的扩展和丰富，更注重于新产品的展示、新设计风格的客户接受度及客户的购买倾向调查，注重客户感受，引导客户对品牌的认同。这种在空间中的全方位体验是其他媒介（平面广告、视频）所无法感受的。也正是因为这一原因，为首饰品牌参加各种展会而进行的展示设计扮演了越加重要的角色。而从展示的目的来说，展示效益是一切展示活动追求的根本目的。

国内的首饰市场中，产品种类繁多，质量与功能逐渐同质化，市场的区域性角逐日渐激烈，所以必须进一步进行品牌形象的传播，使品牌顺利形成产品力、行销力、形象力三个营销阶段。

首饰展示中，展品的陈列方式非常重要，主要有三种陈列方式：

（1）线性陈列

以水平方向或垂直方向沿直线或曲线方式陈列展品，利用视觉的连续性，可以较好地形成展品的视觉归类，如图4—19、4—20所示。

（2）点性陈列

对于重点突出的展品，可以采用较为独立的陈列方式，给予相对独立的空间，以显示其重要性，如图4—21、4—22所示。

（3）面状陈列

将展品排列成一面富有冲击力的陈列墙，形成面状构成，如图4—23、4—24所示。

图4—19　宝石（伦敦自然博物馆陈列）

图4—20　黄金的各种矿产形式（伦敦自然博物馆陈列）

图4—21　水晶晶簇（伦敦自然博物馆陈列）

图4—22　天然黄金及用黄金制作的手链（伦敦自然博物馆陈列）

图4—23　原生矿石及其分子结构（伦敦自然博物馆陈列）

图4—24　形态各异的琥珀（伦敦自然博物馆陈列）

2. 首饰材料与展示空间、灯光、色彩的关系

（1）展示空间

展示空间是一项综合平面与立体的空间形态设计，其构成基础来自于主题信息的传

递与广告效应，表现为占据一定的场所空间，通过实物陈列、板面、灯光、道具、音像、色彩等综合媒体手段有效引导人们的心理与生理诉求，属人为空间环境设计的领域。

首饰材料大都是贵重金属、宝玉石材料，体量较小，展示空间不需要太大，但对灯光和展柜的要求比较高。在空间设计中要考虑观众在展馆内的流动性，并考虑陈列空间与销售空间以及辅助空间的关系。

首饰的陈列空间是指各区域内、各场馆内、各空间内分层次陈列展品的空间，也称信息空间；销售空间是指展馆内展品的销售点和订货、咨询洽谈处；辅助空间是指接待空间、工作人员空间以及饮水、休息、等候空间等。

在首饰展示设计时，首先要考虑的是各个空间的功能、空间的心理及空间的审美；同时要考虑人们在整个展示空间的运动轨迹，即动线；展示空间的体量与尺度；展柜的形状与比例；展品陈列的节奏与过渡、对比与变化等。

（2）照明设计

人们对展示空间的感受，包括色彩、质感、陈列品、构造及所有的细节，主要是依赖视觉来完成的，如果离开光，离开照明，也就无从谈论这些效果。特别是首饰展馆，环境中的采光和照明在很大程度上决定了展示设计的质量。

首饰空间中的光源主要包括自然光源、人工光源以及这两种光源的综合，如图4—25、4—26所示。

图4—25　艺术品展示常常选用自然光照明

图4—26　艺术品展示中的光影效果与气氛

自然光源因受大自然的变化所限，一般很少直接采用。人工光源便于突出展品、渲染气氛、体现格调，在首饰展示中最为常用。

照明方式主要有以下几种：

1）直接照明。直接照明是将光源直接投射到展示工作面，以便充分利用光通量的照明形式，其特点是容易产生眩光，照明区与非照明区亮度对比强烈，适合展柜内首饰产品的照明。展柜内的亮度应是基本照明的3～4倍。光源设在顶部，用均光片磨砂玻璃均匀光源，采用投光式光源、上下凹槽隐光灯型光源等，避免出现眩光，并考虑散热处理。

2）半直接照明。这种照明方式使光通量均匀地向四面八方漫射，适合整个展厅照明。

3）间接照明。这种照明方式将光线射向顶棚，经天花板射到展示工作面上，光线均匀柔和、无眩光，适合展示辅助空间的照明。

照明使用的灯具主要有地灯、吸顶灯、吊灯、镶嵌灯、投光灯、壁灯、轨道灯和分色涂膜镜等。

（3）展示色彩

展示空间中需要考虑的还有展示的色彩。首饰品牌的展示色彩功能体现为两个方面：一是识别功能，二是促销功能。

1）色彩的识别功能。在包装展示的色彩计划实施过程中，应用企业标识中、产品中的原有色彩可以加强品牌的识别性，可以说是树立品牌形象直接有效的手段。

2）色彩的促销功能。当人们面对众多的商品时，能瞬间留给消费者视觉印象的商品必须具有色彩鲜明独特的包装。设计师要尽量设计出符合商品属性的、能快速吸引消费者目光的色彩，以提高企业商品在销售中的竞争能力。

技能要求

设计展示计划并进行展示设计实务

操作步骤

步骤1　设计展示方案及相关流程

（1）提出展示设计方案，包括：展示的内容，展示的目的，展示的规模，展示的计划资金。前期的策划工作还包括筹备和组织工作。

（2）制订工作进度表，主要分四个部分：展示设计总的时间要求和设计的复杂程度；工作时间的交叉性（有些工作是同时进行的或是分工合作的）；展示工作的细化（需要各工种的配合）；图表设计（用最容易看懂的方式表达）。

（3）分配工作：合理安排相关人员的工作，保证各阶段的工作任务按期完成。

（4）提出展品调查报告，分为四部分：

1）掌握品牌的企业理念，如标志、符号系统、色彩系统和宣传语，还包括这些内容的应用规定；

2）了解展品的布展目的和预期效果，把握设计方向；

3）掌握展品的种类、数量、尺寸、规格、大致价格、材料性能等以满足特殊的展示要求；

4）与品牌的高层管理人员沟通，了解资金投入计划，以便及时对设计进行调整，避免大的修改。

步骤2　开始展示方式的施工计划

（1）前期阶段

1）熟悉展示现场的情况，如展示现场是在室内还是室外。

2）除了参考原有建筑图纸外，还要对现场进行实地测量，包括空间的长、宽、高、柱距、门窗的开启方式及尺寸、天棚吊顶的结构及形式等，以及原有的照明设施情况，包括配电间的位置、插座和灯具位置、展厅的供电方式等。

3）确定展期的长短，以便考虑设备及材料的选择和展示的结构设计。

（2）方案阶段

1）绘制草图。包括：整个展示的总布局；空间的组织与变化；总体的色调与局部的色彩对比关系；版式设计原则及主要照明形式；装饰形式以及与展示有关的其他项目；整个展示总平面的分布、展示空间的组织直至主要的视觉造型等。

2）绘制平面、立面及三维草图，包括：观众参观流线的走向；公共空间、展示区域与主要交通路线之间的比例；各个景区或主要展示项目的观赏视线等的分析。版面、展台、模型、照明、动力、网络等内容设施的详细造型、具体位置、明细尺寸、构造方式、采用材料等都应当在这一阶段得到明确的结果。

3）制作创意模型。模型是一种最直观的表现方式和手段，可以使设计师的创意过程处于一个直观的三维环境中，更便于对设计空间的穿插、造型体量的思考，及时对设计进行调整。创意模型的材料一般为纸、橡皮泥、木头或石膏。

4）绘制效果图。效果图一般有手绘和计算机写真两种，着重表现能够体现设计创意的主体空间及造型。

5）制作正式模型。在大型设计中会需要制作正式模型，强调真实地模拟方案的最终效果，需要专门定制的方法来制作。

6）展示效果版式。包括四个方面：设计概念的陈述与说明；展示设计的空间规划及平面布局图；设计的各个立面表现图；三维效果图及展台、展柜等局部效果，如图4—27、4—28所示。

图4—27　施华洛世奇店面展示效果图

图4—28　施华洛世奇店面展示实景图

学习单元2　根据产品的风格设计展架、展柜、展台、展板

学习目标

掌握首饰展示的具体设计方案

知识要求

1. 展架

展架作为吊挂、承托展板，或拼联组成展台、展柜及其他形式的支撑骨架的器械，也可以直接用作构成隔断、顶棚及其他复杂立体造型的器械，是用途很广的道具之一。材料上多采用铝锰合金、锌基铝合金、不锈钢型材、工程塑料、玻璃钢等材料，如图4—29、4—30、4—31所示。

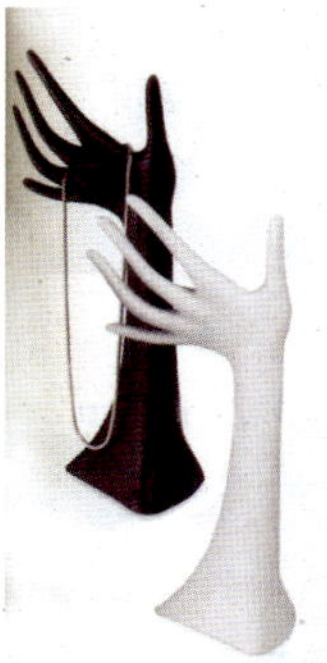

图4—29　手形展架

图 4—30　人体形式的展架

图4—31 挂式展架

2. 展柜

展柜是保护和突出重要展品的道具，通常有侧立柜（三面玻璃）、中心立柜（四面玻璃）和桌柜（上面附有水平或有坡度的玻璃罩）、布景箱（只供一个方向观看）等。

3. 展台

展台是承担展品实物、模型和其他装饰物的用具，是突出展品的重要设施之一。大型的实物展台，除了用组合式的展架构成之外，还可以用标准化的小展台组合而成。小型的展台多为简洁的几何形体，如长方体、圆柱体等。

4. 展板

展板是与标准化的系列道具相配合的，更多的是按展示空间的具体尺寸而专门设计制作的。展板的设计和制作遵循标准化、规格化的原则，其大小变化按照一定的模数关系，还要兼顾材料和纸张的尺寸，以降低成本、方便布展，同时也方便运输和储存。另一类用以分隔展示空间、悬挂实物展品、张贴文字以及分散人流等的屏障物也可以视为展板类道具的一种，常用到的有屏风、帷幕和广告牌等。

技能要求

对展示用品的策划、设计及选用

操作步骤

步骤1　前期策划

首饰产品展示中，根据具体的需求来选择展架、展柜、展台和展板，可以全部使用，也可以只使用部分道具。

步骤2　相关的设计工艺及设计流程

（1）展架的设计或选用。考虑因素主要有：质轻、刚度强、拆装方便；构件的公差配合要精度高；管件规格的变化要按一定的模数进行。可拆装的组合式展架通常由具有一定断面形状和长度的管件及各种联接件组成。根据需要，可以组合成展台、展柜、展墙等。

（2）展柜的设计或选用。常用的装配式高立柜和中心立柜，垂直与水平构件上有槽沟，可插玻璃；也可以用弹簧钢片夹装玻璃。在立柜内需安装照明投光灯，并有所侧重，突出重点陈列品，如图4—32所示。

（3）展台的设计或选用。旋转展台的运用可以在静态的展示中追求一种动态的表现，一些首饰展品在旋转的展台上也可以起到动线的作用，分散了在展台前的人流，加强了互动性，如图4—33所示。

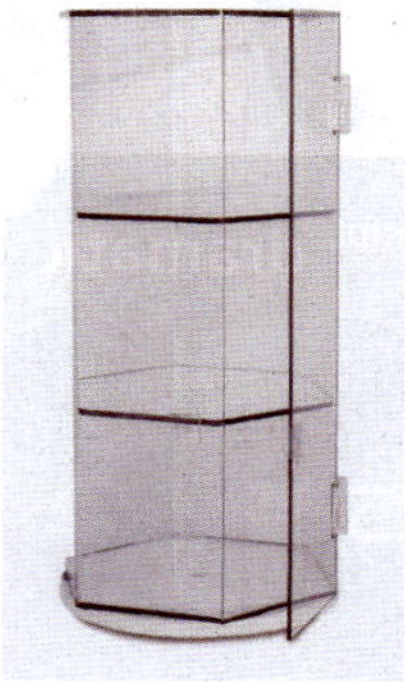
图4—32　首饰展柜

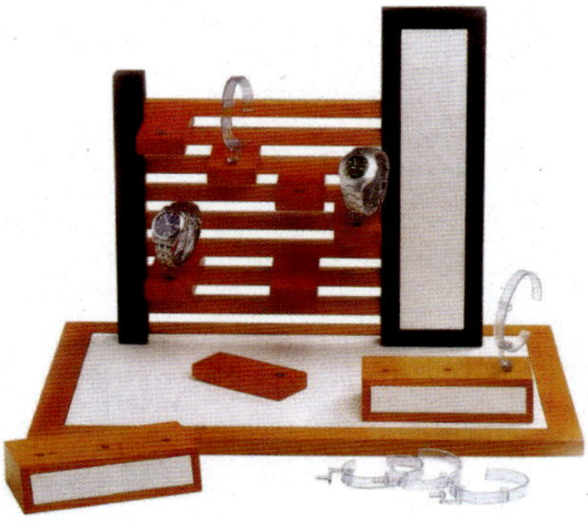
图4—33　首饰展台

（4）展板的设计或选用。用作隔墙的展板，可以在上面直接裱糊纸张、照片或背胶画纸等，高度从240—300—360 cm不等；用作展架上镶板的展板，尺寸不宜过大。展板的设计制作除了考虑尺度间的相互配合外，还必须考虑它的本身强度和平整度，展板内层的骨架须有一定的强度，同时又不宜太厚，以免影响美观，如图4—34、4—35所示。

图4—34　展示厅效果图

图4—35　上海中环广场店实景图

思考题

1. 简述撰写创意说明时需注重的几个要素。
2. 简述如何对首饰品牌某一系列产品进行创意及材料的诠释。
3. 简述包装基本知识。
4. 简述包装工艺的三个阶段。
5. 简述产品与包装设计的关系。
6. 简述展示设计原理以及展示材料与展示空间、灯光的关系。
7. 简述展架、展柜、展台、展板的设计原理。
8. 简述如何设计展示方案。

参考文献

1. 刘仁志. 实用电铸技术. 北京：化学工业出版社，2006

2. 萨达科夫. 电铸技术. 陈钧武，江永安译. 北京：兵器工业出版社，1992

3. 上海市仪表电讯工业局技术情报所. 金属表面处理和电铸技术. 上海：上海市科学技术编译馆，1962

4. 胡嫔，陈祥华. 现代图案设计技法. 长沙：湖南人民出版社, 2007

5. 胡嫔，陈祥华. 图案设计. 北京：兵器工业出版社, 2007

6. 孙晔，方佳蕾，张竞琼. 图案 · 装饰 · 设计（第2版）上海：东华大学出版社, 2007

7. 阙阿宁. 图案. 重庆：西南师范大学出版社, 2007

8. 刘书堂，周大光. 平面构成法新解. 北京：北京理工大学出版社, 2001

9. 陈征，郭守国. 珠宝首饰设计与鉴赏. 上海：学林出版社, 2008

10. 刘玉洁，马蔚然. 市场调研与预测实训. 大连：大连理工大学出版社，2007

11. 刘玉洁，周鹏. 市场调研与预测. 大连：大连理工大学出版社，2004

12. 唐新玲. 服装销售企划. 北京：中国纺织出版社，2008

13. 刘道荣，王玉民等. 珠宝首饰镶嵌学. 天津：天津社会科学院出版社，1998